青海省环境监测中心站／编

2011—2015年

QINGHAISHENG HUANJING
ZHILIANG BAOGAO 2011—2015

环境质量报告

青海省

中国环境出版集团·北京

图书在版编目（CIP）数据

青海省环境质量报告 ： 2011—2015 年 / 青海省环境监测中心站编．--
北京 ： 中国环境出版集团, 2019.7
　ISBN 978-7-5111-3664-0

　Ⅰ．①青… Ⅱ．①青… Ⅲ．①环境质量－环境报告－青海－ 2011-2015
Ⅳ．① X821.244.09

中国版本图书馆 CIP 数据核字（2018）第 094632 号

出 版 人　武德凯
责任编辑　赵惠芬
责任校对　任　丽
装桢设计　彭　杉

出版发行　**中国环境出版集团**
　　　　　（100062　北京市东城区广渠门内大街 16 号）
　　　　　网　　　址：http://www.cesp.com.cn
　　　　　电子邮箱：bjgl@cesp.com.cn
　　　　　联系电话：010-67112765（编辑管理部）
　　　　　发行热线：010-67125803，010-67113405（传真）
印　　刷　北京建宏印刷有限公司
经　　销　各地新华书店
版　　次　2019 年 7 月第 1 版
印　　次　2019 年 7 月第 1 次印刷
开　　本　787×1092　1/16
印　　张　11.75
字　　数　193 千字
定　　价　80.00 元

编委会

主　编

　　窦筱艳

副主编

　　张晓明　李淑敏

成　员

　　索有芳　许庆民　李志强　徐　珣　初　春

　　朱志国　苗惠田　厉凌辉　朱卫平　陈黎军

　　王新忠　郭建芳　刘　宇　魏永邦　李艳凤

前言

　　"十二五"以来，青海省环境保护厅认真贯彻青海省委、省政府关于加强环境保护工作的决策部署，全方位落实新常态下的环境保护新举措，聚力推进各项环保重点工作。全省以贯彻执行《中华人民共和国环境保护法》和《大气污染防治行动计划》《水污染防治行动计划》为重点，全力加强环境监测、预警、执法监管等各项工作，切实解决突出环境问题。全省以改善环境质量为核心，深入推进污染减排，狠抓大气污染治理、水污染治理、重金属污染治理和城乡环境综合整治，环境污染防治能力和监管水平得到显著提升，全省生态环境不断好转。

　　水环境质量得到改善。长江、黄河、澜沧江及内流河干流水质均保持在Ⅲ类以上，优良率100%；湟水流域水环境质量得到显著改善；全省县城以上城镇集中式饮用水水源地水质优良且总体保持稳定；实施重点区域和重点企业重金属污染防治工作，逐步解决历史遗留重金属污染问题，确保全省水环境安全。

　　空气质量得到改善。进一步做好以西宁市为重点的东部城市群大气污染防治工作，区域环境空气质量显著改善，PM_{10}、$PM_{2.5}$浓度持续下降，其中PM_{10}浓度为西北五省区中唯一持续下降的省份。

重金属污染治理成效显著。各重点区域主要防控重点重金属污染物排放量已实现"十二五"规划要求的削减目标。

农村环境综合整治取得成效。农村环境"脏乱差"的问题得到了有效整治，"大美青海"的形象进一步得到提升。

全省环境 γ 辐射水平、土壤放射性水平、大气辐射环境质量和水环境放射性核素活度浓度与历年相比无明显变化。

为全面总结"十二五"期间青海省环境质量状况，进一步推进环境保护工作，青海省环境保护厅专门成立领导小组并组成编写组来负责组织编写《青海省环境质量报告（2011—2015 年）》一书。《青海省环境质量报告（2011—2015 年）》的编撰出版，将会对全省环境保护工作起到积极的促进作用。

编写组

2016 年 6 月

目　录

第一篇

概况篇

第一章

自然环境、社会经济概况

第一节　自然环境概况

一、地理位置

　　青海是长江、黄河、澜沧江的发源地，其被称为"三江源"并有"中华水塔"之美誉。青海省位于中国西部，青藏高原东北部，地理位置位于东经89°35′～103°04′，北纬31°9′～39°19′，东西长1 200多km，南北宽800多km。总面积72万 km²，列全国各省、直辖市、自治区的第四位，省会为西宁市。青海省北部和东部同甘肃省毗连，西北部与新疆维吾尔自治区接壤，南部和西南部与西藏自治区相接，东南部与四川省相邻，是联结西藏、新疆与内地的纽带。

二、地形地貌

　　青海省境内山脉纵横、湖泊众多，峡谷、盆地遍布其中。昆仑山、祁连山、唐古拉山、巴颜喀拉山等山脉横亘境内。青海省拥有我国最大的内陆咸水湖——青海湖以及有着"聚宝盆"之称的柴达木盆地。全省地貌复杂多样，高原地区占全省面积 4/5 以上,东部虽海拔较低但多山,西部主要为高原和盆地。境内的东西向及南北向两组山脉,组成了青海的地貌构架。

三、气候

青海省气候属高原大陆性气候,多年平均气温 -5.6 ~ 8.6 ℃,降水量 15 ~ 750 mm。太阳辐射强度大,光照时间长,年总辐射量每平方厘米可达 690.8 ~ 753.6 kJ,直接辐射量占辐射总量的 60% 以上,年绝对值超过 418.686 kJ,仅次于西藏,位居全国第二,见表 1-1。

表 1-1　青海省各地区气象资料统计

指标		西宁	海东	门源	黄南	海南	果洛	玉树	海西
年均气温 / ℃	2011 年	5.7	7.4	1.6	6.6	5.1	0.6	3.7	4.9
	2012 年	5.2	6.9	1.5	6.4	4.8	0.7	3.5	3.9
	2013 年	6.1	8.3	2.2	7.5	6.0	0.9	3.5	5.3
	2014 年	5.7	7.7	2.0	7.0	5.3	1.2	3.7	5.0
	2015 年	6.4	8.5	1.8	7.6	5.7	1.1	3.3	5.2
全年降水量 / mm	2011 年	390.4	255.1	504.2	472.8	314.5	544.0	540.3	165.7
	2012 年	446.1	388.2	484.9	439.2	332.4	601.7	585.0	306.5
	2013 年	413.6	278.6	421.8	332.7	275.7	485.4	461.2	123.8
	2014 年	446.5	352.5	642.5	431.8	351.6	487.1	633.5	189.7
	2015 年	306.2	249.3	392.8	391.8	308.9	463.1	409.0	232.8
日照时数 / h	2011 年	2 547.0	2 576.3	2 496.8	2 541.8	2 843.0	2 550.2	2 423.8	2 923.6
	2012 年	2 655.2	2 588.0	2 423.9	2 480.0	2 813.2	2 504.5	2 366.1	2 833.9
	2013 年	2 660.6	2 750.5	2 469.2	2 631.1	3 018.9	2 614.3	2 480.9	3 018.0
	2014 年	2 571.3	2 559.7	2 458.5	2 315.4	2 882.4	2 272.4	2 357.6	2 879.8
	2015 年	2 590.1	2 605.8	2 847.1	2 474.6	2 966.5	2 573.5	2 433.2	2 923.2

四、自然资源

(一)土地资源

青海畜牧业用地面积广、农业耕地少、林地比重低。根据全省第二次土地调查（2009 年）数据可知，青海省现有耕地面积 0.589 万 km²，其中 90.8% 的耕地分布在青海省东部；草场面积 42.1 万 km²，占全省总面积的 60%；林地 3.54 万 km²，占全省总面积的 4.92%，见图 1-1。

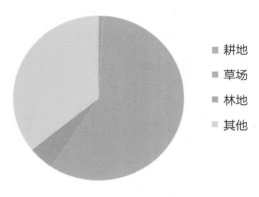

图 1-1　土地利用类型比例

（二）矿产资源

　　青海省已发现矿产种类 134 种，其中 109 种查明有储量。有 54 种矿产列全国矿产储量表的前 10 位、11 种列第一位、9 种列第二位、4 种列第三位，详见表 1-2。

表 1-2　青海省主要矿产资源分布及规模统计表

资源类型	分布	规模	储量排名
石油	主要分布在柴达木盆地西北部	已发现 19 个油田，累计探明地质储量 5.03 亿 t，占全国总量 1.43%	居全国第 11 位
天然气	主要分布在柴达木盆地中东部	已发现 12 个气田，累计探明地质储量 3 783.76 亿 m³，占全国总量 3.31%	居全国第 6 位
盐湖矿产	主要分布在柴达木盆地 33 个盐湖中	累计查明氯化钠资源量 3 031.75 亿 t、氯化钾 8.03 亿 t、镁盐 56.55 亿 t、氯化锂 1 851.96 万 t	居全国首位
有色金属	资源储量较大的有铅 221.97 万 t，锌 447.58 万 t，镍资源量约 106.17 万 t		
非金属矿	全省共发现矿种 78 种，石棉、石英、灰岩列全国首位，其中石棉保有储量占全国石棉总储量的 58.76%		
太阳能	已建成多晶硅产能 6 778.87 t，单晶硅 2 016.05 t，光伏电池 150 MW；全省光伏发电企业 50 家，并网发电容量 3 100 MW，占全国集中并网光伏电站的 30%		

（三）水利资源

青海省有近 400 条河流集水面积在 500 km² 以上，年径流总量超过 600 亿m³，水资源总量居全国第十五位；从青海流出的径流占长江总径流量的 1.8%，黄河总径流量的 49%，澜沧江总径流量的 17%；全省有 242 个湖泊面积在 1 km² 以上，全省湖水总面积达 1.39 万 km²，详见图 1-2。

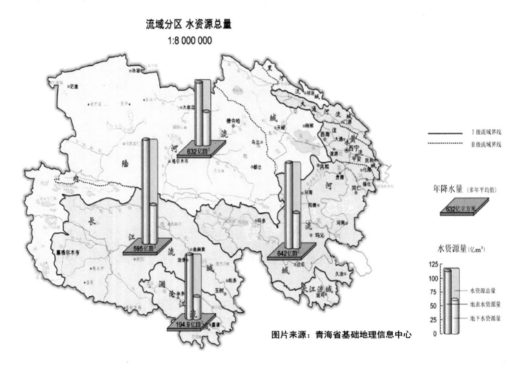

图 1-2　青海省水资源示意

（四）动、植物资源

青海省有着丰富的动、植物资源，其中列为国家重点保护的一类、二类动物有 69 种，植物近 1.28 万种，详见表 1-3。

表1-3 青海省主要动物、植物资源一览表

资源类型	简 介
动物资源	陆栖脊椎动物类约 1 100 种，鸟类 294 种、兽类 103 种，分别占全国的 1/4 和 1/3。其中列为国家重点保护的一类、二类动物有 69 种。珍稀动物有：野骆驼、野牦牛、野驴、藏羚羊、雪豹、黑颈鹤等
植物资源	高等被子植物近 1.2 万种，蕨类植物 800 余种，其中，药用植物约 500 余种，主要有冬虫夏草、枸杞、雪莲、藏茵陈、麻黄等
水产资源	主要有青海裸鲤、花斑裸鲤、厚唇重唇鱼、极边扁咽齿鱼、黄河裸裂尻鱼、齐口裂腹鱼、哲罗鱼、长丝裂腹鱼、南方草、虹鳟鱼、鲢鱼、鲫鱼、鲂鱼等 60 种
农作物	主要有小麦、青稞、大麦、玉米、荞麦、燕麦、谷子、油菜、蚕豆、豌豆、黄豆、扁豆、香豆、马铃薯、胡麻等

（五）自然风光、名胜古迹

青海省自然风光雄奇壮美，具有青藏高原特色。青海湖、塔尔寺、江河源等自然美景、名胜古迹数不胜数。现有5A级景区2处（青海湖景区、塔尔寺景区），以及青海孟达国家级自然保护区、青海湖国家级自然保护区、青海可可西里国家级自然保护区、青海隆宝国家级自然保护区、青海三江源国家级自然保护区、青海柴达木梭梭林国家级自然保护区、大通北川河源区国家级自然保护区7处国家级自然保护区。

第二节　社会经济概况

一、历史沿革简况

青海，因境内有国内最大的内陆咸水湖——"青海湖"而得名，简称青。从远古起，羌人的祖先就流徙至青海，逐水草而居，以狩猎游牧为主。西汉置西海郡，魏置西平郡，唐置鄯州，宋置西宁州，明置西宁卫，清置西宁府，中华民国称青海省。1950年1月1日，青海省人民政府正式组成，以西宁为省会。

二、行政区划及人口

（一）行政区划

青海省行政区划包括2个地级市、6个自治州、6个市辖区、3个县级市、27个县、7个自治县、3个县级行委，详见图1-3和表1-4。

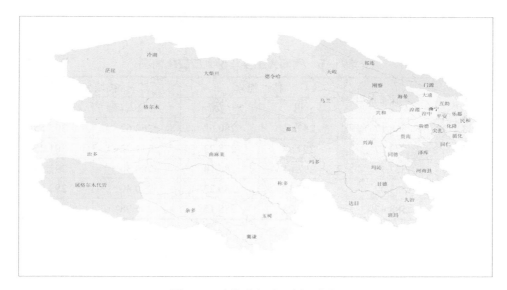

图1-3　青海省行政区划示意图

表1-4　青海省行政区划表

市、自治州	辖区、县名称	政府驻地
西宁市	城东区、城中区、城西区、城北区、湟中县、湟源县、大通回族土族自治县	城中区
海东市	乐都区、平安区、民和回族土族自治县、互助土族自治县、化隆回族自治县、循化撒拉族自治县	乐都区
海北藏族自治州	海晏县、祁连县、刚察县、门源回族自治县	海晏县
海南藏族自治州	共和县、同德县、贵德县、兴海县、贵南县	共和县
海西蒙古族藏族自治州	格尔木市、德令哈市、乌兰县、天峻县、都兰县、茫崖行政委员会、冷湖行政委员会、大柴旦行政委员会	德令哈市
黄南藏族自治州	同仁县、泽库县、尖扎县、河南蒙古族自治县	同仁县
果洛藏族自治州	玛沁县、班玛县、甘德县、达日县、久治县、玛多县	玛沁县
玉树藏族自治州	玉树市、杂多县、称多县、治多县、囊谦县、曲麻莱县	玉树市

（二）人口

2015 年年末青海省常住人口 588.43 万人，比 2014 年年末增加 5.01 万人。少数民族人口 280.74 万人，占全省总人数的 47.71%，详见表 1-5。全年人口出生率 14.72‰，比 2014 年高 0.05 个千分点；人口死亡率 6.17‰，比 2014 年低 0.01 个千分点。全年人口自然增长率 8.55‰，比 2014 年高 0.06 个千分点。全省人户分离的人口为 102.84 万人，其中流动人口 84.65 万人。

表 1-5　青海省主要年份人口变化情况　　　　　　　　　单位：万人

年份	年末常住人口	按性别分		按城乡分	
		男	女	市镇人口	乡村人口
2011	568.17	287.55	280.62	262.62	305.55
2012	573.17	294.94	278.23	271.92	301.25
2013	577.79	292.65	285.14	280.30	297.49
2014	583.42	297.19	286.23	290.40	293.02
2015	588.43	300.28	288.15	295.98	292.45

三、经济及社会发展

（一）综合经济

"十二五"期间，青海省主要经济发展指标实现稳步增长。人均生产总值超过 6 600 美元，生产总值是"十一五"末的近两倍，年均增长约 11%；"十二五"期间的固定资产投资是"十一五"的 4 倍，累计达到 1.2 万亿元；农牧业增加值连续七年增长保持在 5% 以上；工业增加值年均增长近 12%。详见图 1-4。

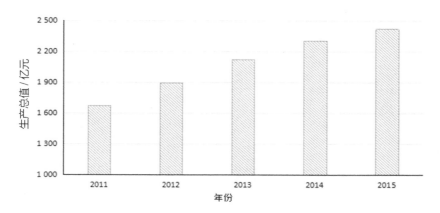

图 1-4　2011—2015 年青海省生产总值示意

（二）基础设施建设

"十二五"期间，青海省公路建设总里程达到 7.56 万 km，较"十一五"末增加约 22%，高速公路（含一级）突破 3 000 km，二级及以上公路突破 10 000 km；铁路运营里程达到 2 386 km；西宁机场二期、德令哈、花土沟机场建成，果洛机场校飞，详见图 1-5。

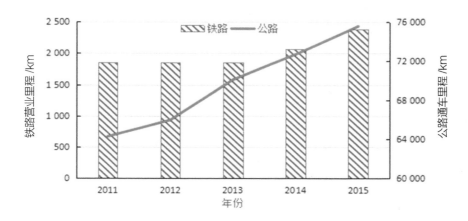

图 1-5　青海省主要年份铁路、公路建设里程

数据来源：《青海统计年鉴 2015》。

截至 2015 年年末，青海省清洁能源比重约占 80%，发电装机总规模达到 2 165 万 kW；太阳能、风能装机容量突破 600 万 kW，青海省已成为全国最大的光伏发电基地。

　　"十二五"期间，青海省淘汰落后产能 200 余万 t，电解铝产能就地转化率达到 80%，详见表 1-6。

表 1-6　2011—2015 年一次能源生产总量及构成

年份	能源生产总量 / 万 t 标准煤	占能源生产总量的比重 / %			
		原煤	原油	天然气	一次电力
2011	4 035.16	41.27	6.90	20.50	31.33
2012	4 631.37	43.59	6.32	17.34	32.75
2013	5 068.33	48.05	6.05	16.99	28.91
2014	4 099.40	33.47	7.67	21.26	37.60
2015	3 298.88	18.17	9.66	24.74	47.43

第二章

环境保护工作概况

第一节　环境管理工作概况

"十二五"期间，各项环保新举措得到全方位落实，重点工作得到全力推进，是青海省环境保护工作推进力度最大、能力提升最快、治理效果最为显著的5年。在全省经济社会发展的形势下，环境质量总体保持稳定、局部地区和流域改善明显。

一、多措并举，污染减排任务全面完成

"十二五"期间，青海省污染减排任务全面完成。实施减排工程552项，化学需氧量、氨氮、二氧化硫、氮氧化物削减量分别为1.67万t、0.14万t、5.99万t和4.05万t，化学需氧量实现零增长；二氧化硫削减3.95%、氨氮和氮氧化物仅增长3.65%和1.64%，均远低于主要污染物排放总量增长目标，4项主要污染物排放强度分别下降44%、42%、46%、43%。

二、重点流域污染治理不断深化，重点区域大气污染防治持续加强

"十二五"期间，水、大气污染防治工作多措并举，确保了治污实效。

争取国家水专项资金，安排 6 大类 33 个项目，推进重点流域水环境治理、水生态保护及县级以上集中式饮用水水源地环境安全隐患整治和规范化建设。以湟水河治理为重点，编制《青海省湟水流域水环境综合治理规划（2011—2015 年）》，分阶段采取综合治理措施，实施截污纳管和污水处理厂建设、污水处理厂提标改造和企业废水深度治理、中水回用及人工湿地深度处理 3 个阶段，流域水环境质量得到显著改善；加大对城镇集中式饮用水水源地环境保护力度，全省县级以上城镇集中式饮用水水源地水质优良且总体保持稳定；实施重点区域和重点企业重金属污染防治工作，逐步解决历史遗留重金属污染问题，确保全省水环境安全。

青海省全面贯彻落实《大气污染防治行动计划》，并且省政府制订《以西宁市为重点的东部城市群大气污染防治实施意见》，提出了重点治理颗粒物，全面加强扬尘、机动车尾气和煤烟型污染治理，深化工业污染源治理的总体思路，青海省有关部门和西宁、海东 2 个市坚持省地联动，区域联防联控，并进一步强化网格化监管，持之以恒地推进城市扬尘治理及成效巩固、燃煤锅炉淘汰及煤烟尘治理、黄标车淘汰及国 IV 车用汽柴油供应和油气回收改造，严格执行重点行业污染物排放标准，对污染物排放接近或超过标准限值的工业企业实施限期治理，区域环境空气质量显著改善，PM_{10}、$PM_{2.5}$ 浓度持续下降，其中 PM_{10} 浓度为西北 5 个省（区）中唯一持续下降的省份。

三、保护优先，提质增效，不断加强和提升环境管理服务经济发展的能力

大力实施水污染防治和良好湖泊保护、农牧区环境综合整治、重金属污染防治、生物多样性保护及自然保护区管理、环境监测监察及信息宣教能力建设等一批环保重点项目，累计投入各类环保资金 42.6 亿元。

加强规划环评管理，协调配合环境保护部审查青海省重点流域、区域、行业等方面规划环评影响报告书 3 个，省、市（州）环保部门共审查规划环评 33 个。

从宏观层面控制新的环境问题产生，提升规划环评制度优化区域发展的能力；充分发挥建设项目环评对重点行业及主要污染源的源头控制作用，紧盯重点项目强化环评审批跟踪服务，推进完备、高效的环保设施设计建设，从严排放标准，增强环境可行性，5 年共协调环境保护部及时审批青海省交通、水利、化工、火电等重点项目环评 17 个，全省各级环保部门共依法依规审批建设项目环评 9 431 个，其中环境影响报告书 824 个、报告表 2 594 个、登记表 6 013 个。

审批核技术应用项目环境影响评价文件 125 个、核（换）发辐射安全许可证 367 个、审批 75 家单位转让放射源 234 枚、监督 71 家省外单位办理 113 枚放射源异地使用备案手续、为 74 家单位 296 枚放射源办理转入备案手续，收贮 43 家废旧放射源 75 枚，为全省辐射环境安全和核技术安全利用提供保障。全省核技术利用单位申领辐射安全许可证达到 100%。持证核技术利用单位均制定了相关辐射安全管理制度，建立了台账。5 年来抽查核技术利用单位 1 386 家（次），下达整改 53 次，行政处罚 1 家。

四、生态建设工程全面展开，农村环境保护实现突破

2015 年，按照中央和青海省委关于中国三江源国家公园体制试点的总体要求和国务院《生态文明体制改革总体方案》中关于建立国家公园体制的要求，青海省编制了《三江源国家公园体制试点方案》，并在习近平总书记主持召开中央全面深化改革领导小组 19 次会议审议通过。按照青海省委、省政府的部署和环境保护部的要求，制订发布生态保护红线划定方案、管理办法和监控体系建设技术方案，完成生态保护红线划定，开展重点生态功能区县域自然资源资产负债表编制工作。

实施三江源和青海湖流域工程建设等生态监测工作，初步建成"天地一体化"生态监测评估体系。全面推进农村环境综合整治，截至 2015 年青海省已累计投入专项资金 14.5 亿元，实施村庄和游牧民定居点 2 015 个，覆盖率达到 45%，约 175 万农牧民受益。

农村环境综合整治取得成效。2011 年青海省被列入全国第二批农村环境连片整治示范省份，2014 年又被列入全国农村环境拉网式全覆盖整治试点省。截至 2015 年，全省农村环境连片整治示范累计投入专项资金 15.5 亿元，共安排实

施了 2 015 个村庄和游牧民定居点的综合整治项目，占全省村庄和游牧民定居点总数的 45%，受益农牧民 175 万人。农村环境综合整治项目从"村试点"起步到成为全国农村环境拉网式全覆盖整治试点省，整治规模和成效不断扩大。

不断深化 27 个国家重点生态功能区县域生态环境质量考核并将结果用于国家财政转移支付绩效评价。积极推进生态示范创建活动，创建省级生态乡镇 34 个、生态村 206 个，平安镇成为国家级生态乡镇，5 个县区生态示范县建设稳步推进，评定命名 6 个国家有机食品生产基地。

2015 年新修订的《中华人民共和国环境保护法》实施以来，青海省深入开展环境保护大检查并督促问题整改，限期治理企业 348 家，122 个生态环保大检查问题已整改 110 项、33 项省重点督办问题已完成 22 项；通过加强环境执法与司法联动，实施按日连续处罚企业 6 家、查封扣押 2 家、限产停产 1 家，移送司法机关 8 件、实施行政拘留 6 人、刑事拘留 2 人，查处违法建设项目 84 个，严厉打击了环境违法行为。

2011—2015 年，青海省共出动执法人员 7 万人（次），检查各类企业及项目 1.7 万家（次），立案查处环境违法企业 940 家。其中，对辖区内环境污染严重的湟源县实施了区域限批，对 9 家区域大气环境污染严重的企业实施了挂牌督办，54 家违法企业被环保部门约谈，责令 61 家企业停产治理、425 家企业限期治理，行政罚款 510 家、处罚金额 2 382 万元，取缔关闭落后生产工艺和不符合国家产业政策的企业 152 家，143 家企业被媒体曝光。司法移交案件 8 起、行政拘留 6 人、刑事拘留 1 人；按日连续处罚 4 家，查封、扣押企业 2 家。

按照"源头严控、过程严管、后果严惩"的要求，持续开展打击环境违法行为，保障群众健康环保专项行动；不断加强环境监察稽查、督查巡查及交叉执法、联动执法，加大频次力度，层层传导压力；强化限期治理、挂牌督办、环保约谈等措施，重点加强对矿山和尾矿库、城镇污水处理及化工、涉重金属等行业企业的执法监管，严厉整治违法排污企业。近两年，青海省在全国领先制定《贯彻落实国务院办公厅关于加强环境监管执法的通知的实施意见》和《环境综合督查工作方案》并由环境保护部向全国环保系统转发，进一步落实了地方政府环境监管主体责任和各相关部门的职责。按照"督政"要求，青海省对西宁市、海东市和海西州政府进行环境保护综合督查，对海西州及格尔木市政府进行了约谈。围绕"全面覆盖、层层履职、网格到底、责任到人"要求，指导各地推行网格化监管，西宁市形成三级网格化监管体系。同时，通过实施环境违法行为有奖举报，加强与公安、检察院、法院等部门环境行政执法与司法衔接，强化排污收费、在线监控和应急管理，排查工业企业及危险化学品和危险废物环境风险，开展核安全文化宣贯严抓核与辐射监管，"一点一策、一企一案"督促环保大检查问题整改，落实了严格环境监管执法的有效措施，确保了环境安全。

"十二五"期间，在辐射环境监管方面，将青海省放射源和射线装置信息纳入全国辐射安全监管网络系统，实现了放射源和射线装置网络动态跟踪管理，在全省建立了辐射安全统一监管体制。

采取定期联合执法的方式，加大对市、州和重点县级环保部门的技术指导力度，先后开展各类综合安全检查7次，专项行动3次、高风险源专项检查2次，出动人员2 600余人（次），出动车辆1 200余台（次），行程50余万 km，对全省8个市、州46个县（行委）核技术利用单位进行数次拉网式检查，摸清了全省放射源和射线装置底数，实现了对市、州和县级辐射安全监管人员的技术帮带。通过重点抽查、现场排查、限期整改等一系列举措，一方面将严格监管的理念传递到每一位监管人员，另一方面将核与辐射安全监管始终保持高压状态的信息传递到核技术利用单位，从而有效防范了辐射环境风险。

"十二五"期间，青海省环境应急中心共依法处置16起一般性突发环境事件。从突发环境事件类型可以看出，安全生产事故次生的环境事件为主要类型，占总数的37.5%，其次是交通事故和企业违法排污引发的事件。

五、环保科技跨越式发展，支撑作用显著增强

"十二五"期间，青海省坚持环境科技为环境管理服务的根本宗旨，围绕青海省环保中心工作，集中力量在保护生态环境、发展循环经济和提高环境管理水平等方面推进了科研工作：组织申报了《三江源生态环境监测管理与服务平台建设》《西宁市大气颗粒物 $PM_{2.5}$ 源解析》等8个省级科技项目，争取科技项目资金约6 000万元；组织开展首届青海省环境保护科学技术奖申报评审工作，参评项目25个，评选出二等奖项目3个、三等奖项目3个、优秀奖项目2个，青海省环境监测中心站完成的《中国西部及其重点生态工程区生态系统综合监测评估技术与应用》项目获得2013年度全省科学技术进步一等奖；青海省生态环境

遥感监测中心等单位完成的《国产高分辨率遥感卫星数据处理分析与区域应用项目》获得 2015 年度青海省科学技术奖励一等奖;《青海湖流域生态环境本底综合评估和综合数据平台开发》和《西宁市大气颗粒物 $PM_{2.5}$ 来源解析研究》成果鉴定为国内领先以上水平,同时《西宁市大气颗粒物 $PM_{2.5}$ 来源解析研究》通过了环境保护部、中国科学院和中国工程院三部委专家论证,向社会公开发布,为大气污染防治提供技术支撑。湟水河人工湿地污水处理技术应用示范工程《人工湿地防堵塞配水系统》被国家知识产权局授予实用新型专利权。

结合环境管理需求和地方环保工作实际,青海省启动了地方环保标准制定工作,并联合青海省质量技术监督局发布实施了《三江源生态监测技术规范》(DB 63/T 993—2011)、《建设项目施工期环境监理导则》(DB 63/T 1109—2012)、《污染源自动监控系统数据采集技术规范》(DB 63/T 1140—2012)、《三江源生态保护和建设生态效果评估技术规范》(DB 63/T 1342—2015)、《土壤铜、铅、锌、铬、镍、锰的测定　微波消解—火焰原子吸收法》(DB 63/T 1412—2015)、《土壤　总硒的测定 原子荧光光谱法》(DB 63/T 1207—2013)、《农牧区生活污水处理指南》(DB 63/T 1389—2015)、《河湟谷地人工湿地污水处理技术规范》(DB 63/T 1350—2015)等地方环保标准,为三江源生态监测、三江源保护与恢复工程、生态成效综合评估及三江源国家级生态保护综合试验区建设、全省环境监测及管理工作提供了技术支撑。

获青海省科技厅自然基金资助,多个环境科研项目得到启动;与高校联合先后建立了由中科院周成虎院士领衔的"青海省遥感环境应用院士工作站",哈尔滨工业大学任南琪教授领衔的院士专家工作站;青藏高原自然博物馆有限公司被评为国家环保科普基地。

六、环境信息公开形式多样,环保宣传教育成效显著

"十二五"期间,青海省以环境质量信息和企业环境信息为重点,完善环保信息公众服务平台,全面公开各类环境信息,及时解读环境政策,实现监管与服务的统一。

全省省级及 8 个市州、46 个县(区、行委)级 55 个环保系统政府网站站点运行正常;2015 年上报重点污染源自动监控数据 89 万条,环境综合监管数据 68

万条，青海省环境保护厅网站共发布各类信息 4 401 条；受理领导信箱来信 27 件、网上投诉 75 件、留言咨询 27 件，媒体网站留言投诉 26 件；上报舆情动态 27 期 31 条、舆情月度分析报告 11 期；环境质量监测信息 65 期。青海省环境保护厅门户网站连续三年名列青海省政府门户网站绩效评估第一名。

做好全民环境宣传教育工作，把生态文明和环境教育纳入干部职工培训、中小学课堂、农牧民群众培训体系；不断完善公众参与环境保护的社会行动体系；建立环境教育培训常态化机制，积极发挥社会组织作用，构建环保统一战线；组织开展了生活方式绿色化推进年、环保科普"五进"、绿色创建等活动，创建省级绿色学校 232 所、绿色社区 61 个、环境教育基地 28 个，国家命名环保科普基地 1 个、中小学环境教育社会实践基地 2 个；深入各市、州、县及核技术利用单位开展核安全文化宣贯和辐射安全知识培训 20 余次，受训人数接近 3 000 人，实现全省 282 家核技术利用单位宣传培训"全覆盖"。

七、环境保护投入持续增长，环境监管及治理能力不断提升

"十二五"期间，实施湟水河水污染综合治理工程，投资近 70 亿元使湟水河出境断面水质达标率从 2010 年的 33.3% 提高到 2015 年的 83.3%；省级投入 3.8 亿元带动地方相关资金 69 亿元，在东部城市群持续开展大气污染防治，PM_{10} 浓度连续两年下降，成为西北五省区中唯一持续下降的地区；累计投入 3.4 亿元，提前完成 57.84 万 t 历史遗留铬渣无害化处置任务。

进一步加强环境监测监察基础能力标准化建设，从省级到地方在推进环境监测业务用房建设上取得进展，省环境监测及科研综合业务用房投运，省环境监测中心站通过环境保护部标准化验收，省级辐射环境监测能力通过环境保护部评估。

第二节　环境监测工作概况

"十二五"期间，青海省环境保护事业快速发展，环境监测工作成效显著。5 年来，全省环境监测系统大力加强环境监测工作，大幅度提升环境监测能力，完成各项监测任务，为环境管理决策和环境质量优化提供了可靠的技术支持和数据支撑。青海省已初步建成覆盖全省的环境监测网络，为构建完整的预报预警体系、推动全省环境保护事业迈上新台阶夯实了基础。

一、环境监测网络建设初具规模

"十二五"期间，随着环境监测的投入不断增加，环境质量和辐射环境监测仪器装备得到了显著改善。环境监测分析能力以及环境监测的地位有了明显提高，环境监测初步形成了以省环境监测中心站为中心、各市州级环境监测站为分中心的监测网络，环境监测预警系统建设初见成效。初步建成覆盖各市（州）、多数县和重点流域环境空气、地表水水质自动监测预警网络，实现了水环境、大气环境监管"数图"一体化。2011—2015 年能力建设投资约 1.4 亿元，其中环境监测投资 11 795.73 万元，辐射环境监测投资 2 133 万元。

2015 年，青海省环境监测、辐射综合科研大楼建成并投入使用，实验室和办公用房面积达到 5 800 m^2，在用仪器设备达到 552 台（套）。

二、环境监测业务能力稳步提升

（一）应急监测业务化

"十二五"期间，在总结 2010 年玉树抗震救灾环境、辐射应急监测经验的基础上，将应急监测工作逐步纳入日常业务工作范畴，设备及人员不断充实，使应对环境突发事件能力得到显著提升和加强。

2011 年 8 月，为了全面提高青海省环境监测系统应对突发性环境事件的应急监测能力,青海省环境监测中心站组织开展了环境应急监测演练活动。演练促进了环境应急监测队伍建设,也展示了青海省环境监测队伍精神风貌和技术水平。环境保护部万本太总工、监测司吴季友副司长、西北督查中心赵浩明主任、青海省人大环资委曹多珠主任以及国家应急监测演练活

动现场考核专家等一行亲临应急监测演练现场观摩、指导,并对此次演练给予了较高的评价。在实战中总结,在演练中完善,以此为契机,使应急监测成为常态化。

(二)青海省监测能力得到跨越式提升

青海省着重加强了有机物及重金属监测能力,使全省环境监测能力得到全面提升。2013年11月,青海省环境监测中心站通过了国家计量认

证扩项评审,确认新增项目包括水、环境空气和废气、土壤及水系沉积物、固体废物、生物共五大类50项,使省环境监测中心站监测项目总计达到了300余项,首次具备了饮用水水源地109项全分析能力。全省8个市州及县级环境监测站通过计量认证和基本监测能力的人员持证考核。

"十二五"期间,青海省环境监测中心站通过国家标准化验收;省辐射环境管理站通过环境保护部47项辐射环境监测项目能力评估,成为全国第13个通过环境保护部评估的辐射环境监测单位。

(三)大力推动环境监测技术规范、标准贯彻落实活动

"十二五"期间,青海省环境监测中心站响应全国环境监测系统开展了"科学监测、大力推动环境监测

技术规范、标准贯彻落实活动"，并于 2013 年组织编写和出版了《环境监测常用标准及导则习题集》。2014 年 8 月，青海省组织开展"全省环境监测系统大贯标知识竞赛"，对进一步规范环境监测工作，提升本省环境监测人员的业务水平和环境监测质量管理水平起到了积极促进作用。

（四）质量保证及监督检查力度加大

"十二五"期间，青海省加大了本省国控重点污染源飞行检查及实验室质控抽测力度。2011—2013 年，省环境监测中心站共抽测了 15 家废气国控重点源、9 家废水国控重点源、6 家污水处理厂、4 家重金属企业；2012 年 8 月，青海省顺利通过中国环境监测总站对青海省环境监测中心站、西宁市、海东地区环境监测站的国控重点污染源监测规范性检查；青海省环境监测中心站、西宁市、海东市、海西州、海北州及格尔木市环境监测站，按要求完成 2012 年、2013 年国控重点污染源监测质控样考核暨能力验证工作；2014—2015 年，青海省环境监测中心站组织完成了全省国控重点污染源飞行检查及实验室质控抽测工作。

加大全省机动车环保检测机构监督检查力度。2014—2015 年，青海省环境监测中心站组织成立了专门的监督检查组，完成全省 19 家机动车环保检测机构的全面质量监督检查工作。

（五）强化培训，着力提高监测人员业务素质

"十二五"期间，青海省环境监测中心站针对各项业务需求，在全省范围内先后举办各类监测技术培训班 26 期，培训人数近 1 200 人（次）。

三、环境监测工作卓有成效

（一）环境质量监测

"十二五"期间，青海省环境监测系统全面开展环境空气、酸沉降、地表水、集中式饮用水水源地、城市声环境、土壤环境、生态环境、辐射环境 9 项环境质量例行监测工作。

进一步加强环境空气自动监测站建设，初步形成覆盖全省各市州及重要城镇的环境空气自动监测网络，其中 8 个市州实现了新环境空气质量标准 6 项指标

24 h 连续自动监测,向公众发布 AQI 指数和实时监测数据;在西宁市、玉树州、格尔木市、瓦里关建辐射环境自动监测站 5 座开展辐射环境质量监测;在全省境内长江、黄河、澜沧江干流及支流、内陆河布设 30 个水质手工监测断面和 8 个水质自动监测站,分别开展水质月报、日报监测,及时掌握地表水水质状况;全省 32 个集中式地下饮用水水源地水质、17 个集中式地表饮用水水源地水质开展常规项目监测和全分析监测,严密监控集中式饮用水水源安全,并对 16 个集中式饮用水水源地周边土壤环境质量开展监测;做好西宁市、格尔木市、海东市平安区城市环境噪声监测;开展全省辐射环境、国家重点监管的核与辐射设施和电磁辐射设施周围辐射环境监督性监测工作。

(二)重点监控企业污染源监督性监测

1. 国控污染源

截至 2015 年,青海省共开展国控重点污染源 127 家,其中废气企业 52 家、废水企业 22 家、污水处理厂 16 家,涉及重金属监测的企业 21 家,涉及产生危险废物企业 16 家。

2. 省控污染源

截至 2015 年,对青海省 127 家省控重点企业(废气企业 51 家、废水企业 42 家、污水处理厂 4 家、涉及重金属监测的企业 9 家、涉及产生危险废物企业 21 家)开展监督性监测。

3. 辐射环境监测

"十二五"期间,青海省开展了包括空气吸收剂量率及空气、水体、生物和土壤等环境介质中放射性核素活度浓度的辐射环境质量监测、电磁环境水平监测及全省城市放射性废物库和核与辐射监管设施周围监督性监测工作,全面掌握全省辐射环境质量,及时掌握填埋坑周围辐射环境质量和变化趋势以及监督性监测核技术利用单位放射性污染物的排放情况。

4. 生态环境监测

"十二五"期间,通过三江源区、青海湖流域、国家重点生态功能区等生态监测专项工作的实践,积累了大量基础数据。在区域生态环境现状及生态保护工程成效监测与评估、重点生态功能区县域生态环境质量考核、生态补偿、生态环境监管等领域已初步发挥积极有效的作用。

第二篇 / 污染排放篇

第三章

污染物排放

第一节　废气

"十二五"期间，青海省工业废气排放量为 28 198.71 亿 m³，2015 年工业废气排放量为 5 404.79 亿 m³，比 2011 年上升 3.3%，二氧化硫排放量为 116 365.34 t，比 2011 年下降 13.4%。

2015 年，青海省煤炭消费总量为 2 299.63 万 t，其中，工业煤炭消费总量为 1 879.89 万 t，占总消费量的 81.7%，生活煤炭消费量 419.74 万 t，占总消费量的 18.3%。2015 年，全省工业废气排放总量为 5 434.32 亿 Nm³，其中西宁市工业废气排放量为 3 047.77 亿 Nm³，占全省排放总量的 56.1%，排放量位居全省首位。全省二氧化硫排放量为 116 305.34 t，氮氧化物排放量为 78 549.91 t，烟（粉）尘排放量为 234 307.95 t。

2015 年，青海省二氧化硫排放总量 15.076 6 万 t。其中，工业源排放量 11.636 5 万 t，占排放总量的 77.18%；城镇生活源排放量 3.438 8 万 t，占排放总量的 22.82%。8 个市州二氧化硫排放量占全省排放总量的比例依次为：西宁市 43.81%、海西州 32.72%、海东市 12.06%、海北州 5.33%、玉树州 2.16%、海南州 1.69%、果洛州 1.24% 和黄南州 0.99%，见图 3-1。

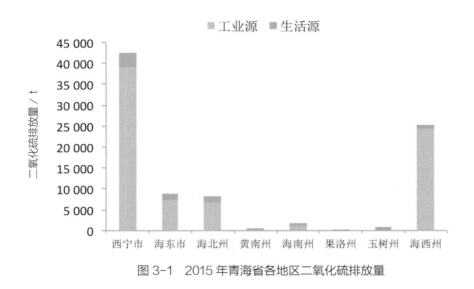

图 3-1　2015 年青海省各地区二氧化硫排放量

2015 年，青海省氮氧化物排放总量 11.785 5 万 t。其中，工业源排放量 7.863 6 万 t，占排放总量的 66.72%；城镇生活源排放量 0.998 6 万 t，占排放总量的 8.47%。8 个市州氮氧化物排放量占全省排放总量比例依次为西宁市 48.06%、海西州 25.52%、海东市 11.60%、海北州 8.16%、海南州 3.43%、玉树州 1.86%、黄南州 0.80% 和果洛州 0.56%，见图 3-2。

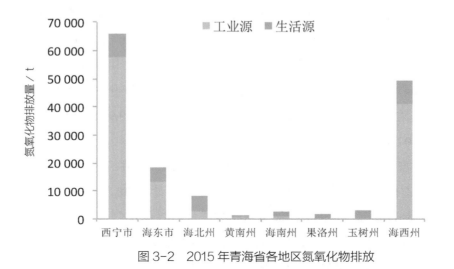

图 3-2　2015 年青海省各地区氮氧化物排放

工业粉尘排放量为 170 666.09 t，其中，海东市排放量最大，排放量为
60 887.82 t，占全省总排放量的 35.7%，其次为西宁市、海西州和海北州，共排
放 102 735.21 t，这 4 个地区工业粉尘排放量占全省总排放量的 95.8%。生活烟尘
排放量为 63 461.86 t，分别占烟尘排放总量的 72.8% 和 27.2%。西宁市烟尘排放
量最大，为 82 213.58 t，占全省排放总量的 35.1%。2015 年青海省各地区烟尘排
放量排序见图 3-3。

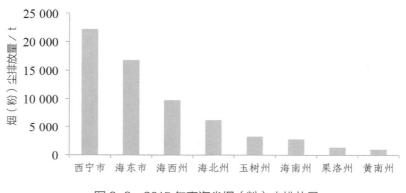

图 3-3　2015 年青海省烟（粉）尘排放量

第二节　废水

"十二五"期间，青海省废水排放总量为 111 542.87 万 t，其中，工业废水
排放量年际变化较小，生活污水排放量逐年上升。

2015 年，全省废水排放总量 23 662.83 万 t。其中，工业废水排放量 8 545.53 万 t，
占 36.1%；生活污水排放量 15 108.81 万 t，占 63.9%。西宁市、海西州两地区废
水排放量最大，分别为 9 980.88 万 t 和 9 355.8 万 t，各占全省废水排放总量的
42.2% 和 39.5%。

2015 年，全省废水中化学需氧量排放总量 10.43 万 t。其中，工业源排放
量 4.00 万 t，占排放总量的 38.35%；城镇生活源排放量 4.14 万 t，占排放总量的
39.69%；农业源排放量 2.14 万 t，占排放总量的 20.52%；集中式污染治理设施

排放量 0.16 万 t，占排放总量的 1.53%。8 个市州废水中化学需氧量排放量占全省排放总量比例依次为西宁市 42.07%、海东市 22.61%、海北州 3.03%、黄南州 1.96%、海南州 4.08%、果洛州 1.34%、玉树州 2.83%、海西州 22.10%，见图 3-4。氨氮排放总量 9 950 t，其中工业源排放量 1 932 t，占排放总量的 19.42%；城镇生活源排放量 7 074 t，占排放总量的 71.09%；农业源排放量 809 t，占排放总量的 8.13%；集中式污染治理设施排放量 136 t，占排放总量的 1.36%，见图 3-4。

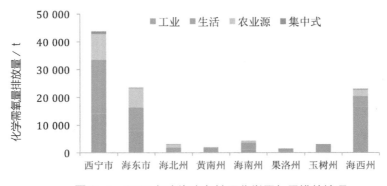

图 3-4　2015 年青海省各地区化学需氧量排放情况

　　8 个市州废水中氨氮排放量占全省排放总量比例依次为：西宁市 47.25%、海西州 24.09%、海东市 14.04%、海南州 4.13%、玉树州 3.92%、海北州 2.87%、黄南州 2.21%、果洛州 1.48%，见图 3-5。

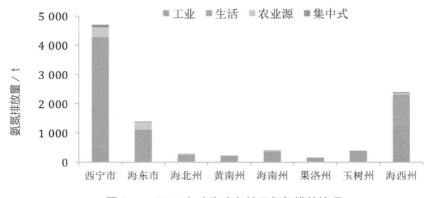

图 3-5　2015 年青海省各地区氨氮排放情况

第三节　固体废物

工业固体废物主要包括冶炼废渣、粉煤灰、炉渣、煤矸石、尾矿、放射性废物、脱硫石膏、危险废物以及其他废物等，这些废物主要来源于采矿、冶炼、电力、医疗等行业。其中采矿产生的尾矿、冶炼产生的废渣以及火电企业等产生的粉煤灰对环境污染贡献最大。

2015 年，青海省共产生工业固体废物 15 367.38 万 t。其中一般工业固体废物 14 868.2 万 t，危险废物 499.18 万 t，分别占总量的 96.8% 和 3.2%。

一、一般工业固体废物

2015 年，全省一般工业固体废物产生量为 14 868.2 万 t，综合利用量 7 247.38 万 t，综合利用率 48.57%，处置量为 3.8 万 t，处置率为 0.03%，贮存量为 7 635.78 万 t，贮存率为 51.40%。

二、危险废物

2015 年，全省危险废物产生量为 499.18 万 t，综合利用量 139.47 万 t，综合利用率为 27.9%，贮存量 354.15 万 t，贮存率为 70.9%，处置量 11.85 万 t，处置率为 2.4%。

第三篇

环境质量状况篇

第四章

环境空气

第一节　监测概况

一、监测点位布设

"十二五"期间，青海省 6 州 2 市政府所在城镇逐步开展了环境空气质量自动监测，共布设 11 个国控点位和 7 个县级市控点位。主要覆盖本省东部城市群、环湖地区、柴达木盆地和三江源区。环境空气自动监测点位布设、环境空气监测项目、监测时间、分析方法等见表 4-1、表 4-2。

表 4-1　环境空气质量自动监测站点位一览表

区域	城市名称	监测项目	监测点数	监测点位名称	监测时间
东部城市群	西宁市	二氧化硫、二氧化氮、可吸入颗粒物、细颗粒物、一氧化碳、臭氧	8	第五水厂（国控、清洁点）、市环境监测站（国控）、省医药仓库（国控）、四陆医院（国控）、城南新区（市控）、大通县林业局（市控）、湟源县老干部局楼顶（市控）、湟中县（园林所）（市控）	自动连续监测
	海东市		3	平安县（国控）、乐都区（市控）、民和县（市控）	
环湖地区	海南州		1	共和县恰卜恰镇（国控）	
	海北州		1	海晏县西海镇（国控）	
柴达木盆地	海西州		2	德令哈市（国控）、格尔木市开发区子站（市控）	
三江源区	黄南州		1	同仁县隆务镇（国控）	
	果洛州		1	玛沁县大武镇（国控）	
	玉树州		1	玉树市结古镇（国控）	

表 4-2　环境空气监测项目分析方法一览表

序号	污染物项目	自动分析方法
1	二氧化硫（SO_2）	紫外荧光法、差分吸收光谱分析法
2	二氧化氮（NO_2）	化学发光法、差分吸收光谱分析法
3	一氧化碳（CO）	气体滤波相关红外吸收法、非分散红外吸收法
4	臭氧（O_3）	紫外荧光法、差分吸收光谱分析法
5	可吸入颗粒物（PM_{10}）	微量振荡天平法、β 射线法
6	细颗粒物（$PM_{2.5}$）	微量振荡天平法、β 射线法

二、评价标准及方法

（一）评价标准

环境空气质量评价执行《环境空气质量标准》（GB 3095—2012），评价项目为二氧化硫、二氧化氮、可吸入颗粒物、细颗粒物、一氧化碳和臭氧。结合监测点位布设及标准要求，采用环境空气质量二级标准限值评价，见表 4-3。

表 4-3　环境空气质量二级评价标准　　　　单位：µg/m³

污染物名称	1 h 平均	24 h 平均	年平均
二氧化硫	500	150	60
二氧化氮	200	80	40
可吸入颗粒物	—	150	70
细颗粒物	—	75	35
一氧化碳 /（mg/m³）	10	4	—
臭氧	200	160（日最大 8h 平均）	—

（二）评价方法

评价方法依据《环境空气质量指数（AQI）技术规定（试行）》（HJ 633—2012）和《环境空气质量评价技术规范（试行）》（HJ 663—2013）进行评价。评价范围为国控城市点、县级城市点和区域点，空气质量级别判定采用单因子评价法，综合评价采用单项指数法、最大指数法和综合指数法。

1. 超标倍数计算方法

超标项目 i 的超标倍数按式（4-1）计算：

$$B_i = (C_i - S_i)/S_i \qquad (4\text{-}1)$$

式中：B_i——表示超标项目 i 的超标倍数；

　　　C_i——超标项目 i 的浓度值；

　　　S_i——超标项目 i 的浓度限值标准。

一类区采用一级浓度限值标准，二类区采用二级浓度限值标准。

在年度评价时，对于 SO_2、NO_2、PM_{10}、$PM_{2.5}$，分别计算年平均浓度和 24 h 平均的特定百分位数浓度相对于年均值标准和日均值标准的超标倍数；对于 O_3，计算日最大 8 h 平均的特定百分位数浓度相对于 8h 平均浓度限值标准的超标倍数；对于 CO，计算 24 h 平均的特定百分位数浓度相对于浓度限值标准的超标倍数。

2. 达标率计算方法

评价项目 i 的小时达标率、日达标率按式（4-2）计算：

$$D_i(\%) = (A_i/B_i) \times 100 \qquad (4\text{-}2)$$

式中：D_i——表示评价项目 i 的达标率；

　　　A_i——评价时段内评价项目 i 的达标天（小时）数；

　　　B_i——评价时段内评价项目 i 的有效监测天（小时）数。

3. 百分位数计算方法

污染物浓度序列的第 p 百分位数计算方法如下：

（1）将污染物浓度序列按数值从小到大排序，排序后的浓度序列为 $\{X_{(i)}, i=1,2, \cdots, n\}$

（2）计算第 p 百分位数 m_p 的序数 k，序数 k 按式（4-3）计算：

$$k=1+(n-1) \times p\% \qquad (4\text{-}3)$$

式中：k——$p\%$ 位置对应的序数；

　　　n——污染物浓度序列中的浓度值数量。

（3）第 p 百分位数 m_p 按式（4-4）计算：

$$m_p=X(s)+\left[X(s+1)-X(s)\right] \times (k-s) \qquad (4\text{-}4)$$

式中：s——k 的整数部分，当 k 为整数时 s 与 k 相等。

4. 单项指数法

环境空气质量单项指数法用于不同地区间单项污染物状况的比较，年评价时，污染物 i 的单项指数按式（4-5）计算：

$$I_i=\text{MAX}\left(\frac{C_{i,a}}{S_{i,a}}, \frac{C_{i,d}^{\text{per}}}{S_{i,d}}\right) \qquad (4\text{-}5)$$

式中：I_i——污染物 i 的单项指数；

　　　i——SO_2、NO_2、PM_{10}、$PM_{2.5}$；

　　　$C_{i,a}$——污染物 i 的年均浓度值；

　　　$S_{i,a}$——污染物 i 的年均二级标准限值；

　　　$C_{i,d}^{\text{per}}$——污染物 i 的 24 h 平均浓度的特定百分位数浓度；

i 包括 SO_2、NO_2、PM_{10}、$PM_{2.5}$、CO 和 O_3（对于 O_3，为日最大 8 h 均值的特定百分位数浓度）。

$S_{i,d}$——污染物 i 的 24 h 平均浓度限值二级标准（对于 O_3，为日最大 8 h 均值的二级标准）。

5. 最大指数法和综合指数法

环境空气质量最大指数法和环境空气质量综合指数法用于对不同地区间多项污染物污染状况的比较，参评项目主要为 SO_2、NO_2、PM_{10}、$PM_{2.5}$、CO 和 O_3 6 项基本评价项目，分别按式（4-6）、式（4-7）计算：

$$I_{max}=MAX(I_i) \tag{4-6}$$
$$I_{sum}=SUM(I_i) \tag{4-7}$$

式中：I_{max}——环境空气质量最大指数；
　　　I_{sum}——环境空气质量综合指数。

第二节　2015 年环境空气质量状况

一、青海省空气质量现状

2015 年，青海省环境空气二氧化硫和二氧化氮年均浓度值分别为 21 μg/m³、21 μg/m³，均达到二级标准；可吸入颗粒物和细颗粒物年均浓度分别为 86 μg/m³、42 μg/m³，均超过二级标准，超标倍数分别为 0.23、0.20。

2015 年，全省 4 个典型区域中，三江源区空气质量优于其他 3 个区域，人口集中的东部城市群空气质量相对较差。市州级以上城市中，玉树州环境空气质量达到国家二级标准，受颗粒物浓度的影响，西宁市、海东市、海南州、海西州、海北州、黄南州、果洛州均未达标，见图 4-1 和图 4-2。

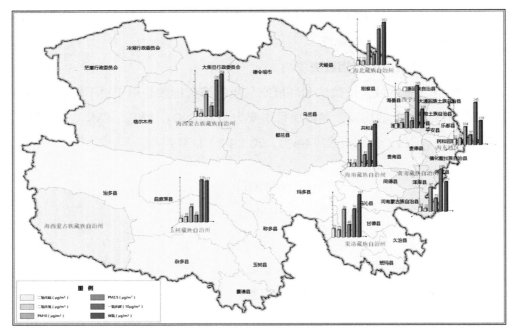

图 4-1　2015 年青海省市、州环境空气主要污染物浓度示意图

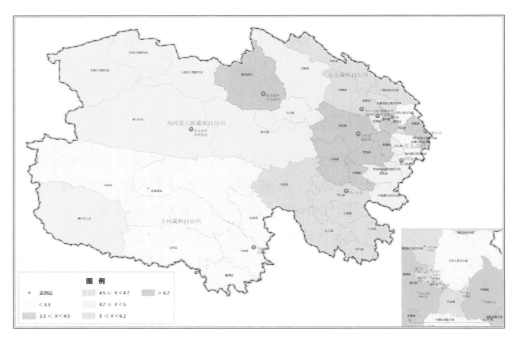

图 4-2　2015 年青海省环境空气质量综合指数及监测点位示意图

二、不同区域空气质量现状及评价

（一）东部城市群空气质量现状

2015 年，青海省东部城市群空气质量优良天数比例为 80.8%，二氧化硫年均浓度为 31 μg/m³、二氧化氮年均浓度 36 μg/m³，均达到国家二级标准；可吸入颗粒物和细颗粒物年均浓度分别为 106 μg/m³、53 μg/m³，均超过国家二级标准值，超标倍数均为 0.51；一氧化碳日均值、臭氧日最大 8 h 值均未出现超标。超标天数中以细颗粒物为首要污染物的天数最多，其次为可吸入颗粒物。

（二）环湖地区空气质量现状

2015 年，青海省环湖地区空气质量优良天数比例为 81.9%，二氧化硫和二氧化氮年均浓度分别为 16 μg/m³、14 μg/m³，均达到国家二级标准；可吸入颗粒物和细颗粒物年均浓度分别为 83 μg/m³、41 μg/m³，均超过国家二级标准值，超标倍数分别为 0.19、0.17；一氧化碳日均值未出现超标；臭氧日最大 8 h 值超标率为 7.4%。超标天数中以可吸入颗粒物为首要污染物的天数较多，其次为臭氧。

（三）三江源区空气质量现状

2015 年，青海省三江源区空气质量优良天数比例为 95.9%，二氧化硫和二氧化氮年均浓度分别为 19 μg/m³、17 μg/m³，均达到国家二级标准；可吸入颗粒物和细颗粒物年均浓度分别为 78 μg/m³、38 μg/m³，均超过国家二级标准值，超标倍数分别为 0.11、0.09；一氧化碳日均值、臭氧日最大 8 h 值均未出现超标。超标天数中主要以可吸入颗粒物为首要污染物。

（四）柴达木盆地空气质量现状

2015 年，青海省柴达木盆地空气质量优良天数比例为 86.1%，二氧化硫和二氧化氮年均浓度分别为 15 μg/m³、15 μg/m³，均达到国家二级标准；可吸入颗粒物和细颗粒物年均浓度分别为 89 μg/m³、41 μg/m³，均超过国家二级标准值，超标倍数分别为 0.27、0.17；一氧化碳日均值未出现超标；臭氧日最大 8 h 值超标率为 1.9%。超标天数中以可吸入颗粒物为首要污染物的天数最多，其次为细颗粒物和臭氧。

（五）典型区域环境空气质量评价

2015 年，青海省区域环境空气质量综合指数总体评价统计结果见表 4-4，东部城市群综合指数最高，环境空气污染较严重，三江源区综合指数最低，环境空气质量为优良。通过环境空气质量最大指数评价，各区域环境空气中污染物最大指数均为可吸入颗粒物和细颗粒物，东部城市群、环湖区域、三江源区可吸入颗粒物和细颗粒物单项指数相差较小；柴达木盆地可吸入颗粒物和细颗粒物单项指数相差较大，说明该区域受风沙影响较其他区域更为明显。2015 年青海省各区域主要污染物综合指数排序见图 4-3。

表 4-4   2015 年区域环境空气质量指数统计表

项目	单项指数 I_i			
	东部城市群	环湖地区	三江源区	柴达木盆地
二氧化硫	0.52	0.27	0.32	0.25
二氧化氮	0.90	0.35	0.42	0.38
可吸入颗粒物	1.51	1.19	1.11	1.27
细颗粒物	1.51	1.17	1.09	1.17
一氧化碳	0.56	0.26	0.26	0.36
臭氧	0.77	0.99	0.77	0.86
最大指数 I_{max}	1.51	1.19	1.11	1.27
综合指数 I_{sum}	5.77	4.23	3.97	4.29

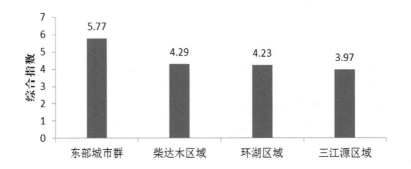

图 4-3 2015 年各区域环境空气主要污染物综合指数排序

综上所述，三江源区环境空气质量为较好，无主要污染物；环湖地区环境空气质量次之；柴达木盆地环境空气质量一般；东部城市群环境空气质量较差。

三、国控城市点空气质量现状及评价

（一）空气质量级别

2015 年，各国控城市点环境空气质量优良天数在 268 ~ 326 d，优良率为 73.3% ~ 89.3%，玉树市优良率最高。2015 年各国控城市点环境空气质量优良天数和优良率见表 4-5。

表 4-5　2015 年各国控城市点环境空气质量优良天数和优良率

城市	西宁	海东	海南	海西	海北	黄南	果洛	玉树
优良天数	283	268	301	305	285	280	313	326
优良率	77.5	73.3	82.5	83.6	78.1	76.7	85.8	89.3

（二）污染物监测结果

1. 二氧化硫

2015 年，各国控城市点环境空气中二氧化硫年均浓度范围在 11 ~ 32 μg/m³，全部达到国家二级标准，其中玉树市浓度最低。8 个城市日均浓度值全部达到二级标准，达标率为 100%。各城市环境空气中二氧化硫监测统计值见表 4-6，年均浓度排序见图 4-4。

表 4-6　2015 年各国控城市点二氧化硫监测统计表　　　　单位：μg/m³

城市名称	日均值评价				年均值评价	
	最小值	最大值	样本数	达标率 / %	浓度	类别 / 超标倍数
西宁	2	194	1 076	100	31	二级
海东	7	106	364	100	32	二级
海南	5	34	359	100	14	一级
海西	1	45	355	100	19	一级
海北	1	98	349	100	17	一级
黄南	2	79	338	100	18	一级
果洛	10	60	333	100	27	二级
玉树	1	89	332	100	11	一级

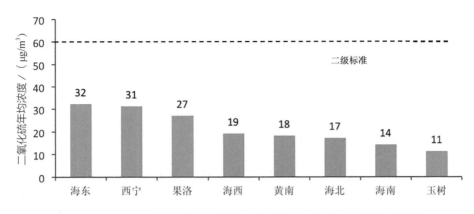

图 4-4   2015 年各城市国控点环境空气中二氧化硫年均浓度排序

2. 二氧化氮

2015 年，国控城市点环境空气中二氧化氮年均浓度范围在 12 ~ 39 μg/m³，全部达到国家一级标准，其中海西州浓度最低。8 个城市日均浓度值中，西宁达标率为 99.9%，其他 7 个城市全部达标率为 100%。各城市环境空气中二氧化氮监测统计值见表 4-7，年均浓度排序见图 4-5。

表 4-7   2015 年各城市国控点二氧化氮监测统计表   单位：μ/m³

城市名称	日均值评价				年均值评价	
	最小值	最大值	样本数	达标率 / %	浓度	类别 / 超标倍数
西宁	10	81	1076	99.9	38	一级
海东	13	78	365	100	39	一级
海南	5	32	359	100	13	一级
海西	2	44	357	100	12	一级
海北	5	34	355	100	15	一级
黄南	6	34	350	100	13	一级
果洛	2	57	333	100	23	一级
玉树	3	47	318	100	16	一级

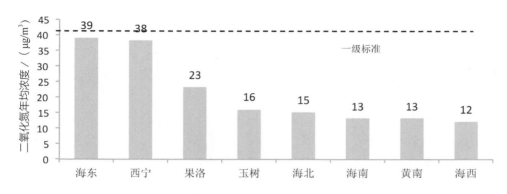

图4-5 2015年各国控城市点环境空气中二氧化氮年均浓度排序

3. 可吸入颗粒物

2015年，各国控城市点环境空气中可吸入颗粒物年均浓度范围在44～106 $\mu g/m^3$，玉树浓度最低，达到国家二级标准，其他7个城市均未达到二级标准，西宁年均浓度最高。海南、海西、果洛和玉树4个城市日均浓度值达标率在90%以上，其他4个城市在81.7%～89.5%，其中西宁日均值达标率最低。各城市环境空气中可吸入颗粒物监测统计值见表4-8，年均浓度排序见图4-6。

表4-8 2015年各国控城市点可吸入颗粒物监测统计表 单位：$\mu g/m^3$

城市名称	日均值评价				年均值评价	
	最小值	最大值	样本数	达标率 / %	浓度	类别 / 超标倍数
西宁	13	615	1063	81.7	106	超二级（0.51）
海东	23	624	365	83.0	104	超二级（0.49）
海南	24	437	356	90.2	85	超二级（0.21）
海西	6	441	355	91.0	81	超二级（0.16）
海北	18	355	354	89.5	81	超二级（0.16）
黄南	28	401	350	85.1	97	超二级（0.39）
果洛	16	244	331	94.9	90	超二级（0.29）
玉树	5	567	328	98.8	44	二级

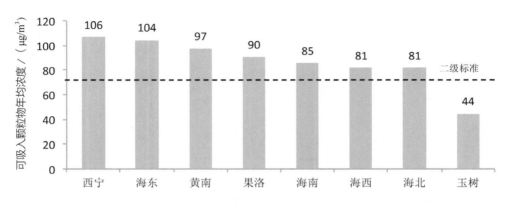

图 4-6　2015 年各国控城市点环境空气中可吸入颗粒物年均浓度排序

4. 细颗粒物

2015 年，各国控城市点环境空气中细颗粒物年均浓度范围在 20 ~ 57 $\mu g/m^3$，玉树浓度最低，达到国家二级标准，其他 7 个城市均未达到二级标准，海东年均浓度最高。西宁、海东和黄南 3 个城市日均浓度值达标率为 83.1%、83.0% 和 88.6%，其他 5 个城市均在 90% 以上，果洛州日均值全部达标，达标率为 100%。各城市环境空气中细颗粒物监测统计值见表 4-9，年均浓度排序见图 4-7。

表 4-9　2015 年各国控城市点细颗粒物监测统计表　　单位：$\mu g/m^3$

城市名称	日均值评价				年均值评价	
	最小值	最大值	样本数	达标率 / %	浓度	类别 / 超标倍数
西宁	9	177	1061	83.1	49	超二级（0.4）
海东	15	204	365	83.0	57	超二级（0.63）
海南	7	135	357	94.4	43	超二级（0.23）
海西	5	223	357	96.6	37	超二级（0.06）
海北	10	120	341	94.1	40	超二级（0.14）
黄南	21	186	350	88.6	53	超二级（0.51）
果洛	4	75	327	100	40	超二级（0.14）
玉树	2	89	335	99.7	20	二级

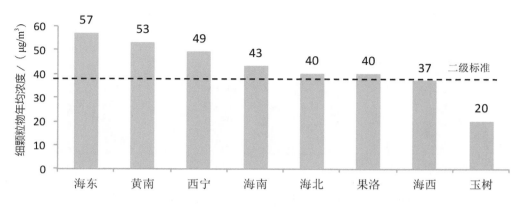

图 4-7　2015 年各国控城市点环境空气中细颗粒物年均浓度排序

5. 一氧化碳

2015 年，各国控城市点环境空气中一氧化碳 24 h 平均第 95 百分位数范围为 0.84 ～ 2.85 μg/m³，全部达到国家一级标准，其中海南州浓度最低。西宁、海南和玉树 3 个城市日均浓度值达标率分别为 99.6%、99.7% 和 98.5%，其他 5 个城市日均值全部达标，达标率为 100%。各城市环境空气中一氧化碳监测统计值见表 4-10，24 h 平均第 95 百分位数排序见图 4-8。

表 4-10　2015 年各国控城市点一氧化碳监测统计表　　单位：μg/m³

城市名称	日均值评价				95 百分位数评价	
	最小值	最大值	样本数	达标率 / %	95 百分位数	类别 / 超标倍数
西宁	0.10	4.56	1074	99.6	2.85	一级
海东	0.46	3.60	365	100	2.45	一级
海南	0.17	4.21	351	99.7	0.84	一级
海西	0.03	2.36	352	100	1.32	一级
海北	0.03	2.61	354	100	1.37	一级
黄南	0.09	3.22	336	100	1.70	一级
果洛	0.24	2.19	333	100	0.91	一级
玉树	0.10	8.51	335	98.5	1.20	一级

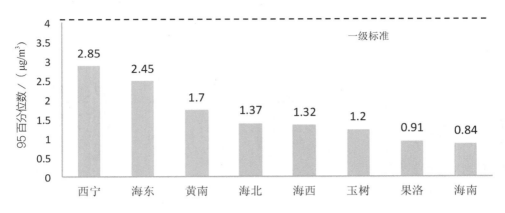

图 4-8　2015 年各城市环境空气中一氧化碳 95 百分位数排序

6. 臭氧

2015 年，各国控城市点环境空气中臭氧最大 8 h 平均第 90 百分位数范围为 117 ~ 163 μg/m³，海北未达到国家二级标准，其他 7 个城市均达到二级标准。各城市日均浓度值达标率范围在 88.5% ~ 100%，海北日均值达标率最低，黄南日均值全部达标，达标率为 100%。各城市环境空气中臭氧监测统计值见表 4-11，最大 8 小时平均第 90 百分位数排序见图 4-9。

表 4-11　2015 年各国控城市点臭氧监测统计表　　　　　单位：μg/m³

城市名称	日均值评价				90 百分位数评价	
	最小值	最大值	样本数	达标率 / %	90 百分位数	类别 / 超标倍数
西宁	15	167	1070	99.0	126	二级
海东	27	191	357	97.8	139	二级
海南	66	171	353	96.3	154	二级
海西	66	262	357	93.3	154	二级
海北	69	211	331	88.5	163	超二级（0.02）
黄南	36	151	341	100	119	二级
果洛	76	175	327	98.8	137	二级
玉树	9	167	290	99.3	117	二级

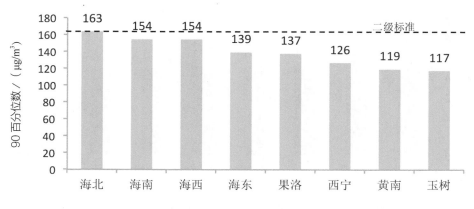

图 4-9　2015 年各国控城市点环境空气中臭氧 90 百分位数排序

（三）国控城市点环境空气质量评价

2015 年，各国控城市点环境空气质量综合指数总体评价统计结果见表 4-12，海东市综合指数最高，环境空气污染较严重，玉树州综合指数最低，环境空气质量为优良状况。通过环境空气质量最大指数评价，各城市环境空气中污染物最大指数为可吸入颗粒物和细颗粒物，因此颗粒物为青海省环境空气中主要污染物。2015 年青海省各国控城市点主要污染物综合指数排序见图 4-10。

表 4-12　2015 年各国控城市点环境空气质量指数统计表　　单位：$\mu g/m^3$

项目	单项指数 I_i							
	西宁市	海东市	海南州	海西州	海北州	黄南州	果洛州	玉树州
二氧化硫	0.54	0.53	0.23	0.32	0.28	0.35	0.45	0.46
二氧化氮	0.95	0.98	0.32	0.50	0.38	0.32	0.58	0.44
可吸入颗粒物	1.51	1.49	1.38	1.25	1.37	1.40	1.29	0.63
细颗粒物	1.40	1.63	1.23	1.06	1.14	1.51	1.14	0.57
一氧化碳	0.71	0.61	0.21	0.33	0.34	0.42	0.23	0.30
臭氧	0.79	0.87	0.96	0.96	1.02	0.74	0.86	0.73
最大指数 I_{max}	1.51	1.63	1.38	1.25	1.37	1.51	1.29	0.73
综合指数 I_{sum}	5.90	6.11	4.33	4.42	4.53	4.74	4.55	3.13

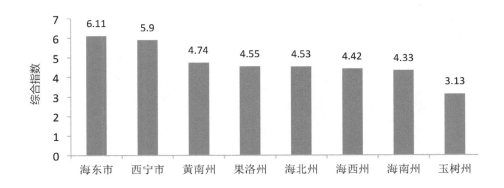

图 4-10　2015 年各城市点环境空气主要污染物综合指数排序

综上所述，玉树州环境空气质量较好，无主要污染物；黄南州、果洛州、海北州、海西州和海南州环境空气质量一般，主要污染物为可吸入颗粒物和细颗粒物；西宁市和海东市环境空气质量较差，主要污染物为可吸入颗粒物和细颗粒物。

四、县级城市点空气质量现状及评价

（一）空气质量状况

2015 年，青海省 7 个县级城市（区）点开展环境空气质量监测，各县级城市空气质量均未达到国家二级标准，主要污染物为可吸入颗粒物。县级城市中，二氧化硫、一氧化碳、臭氧均达到二级标准；乐都区二氧化氮年均值超过二级标准，超标倍数为 0.33；7 个县级城市可吸入颗粒物均未达到二级标准；城南新区细颗粒物达标，其他 6 个城镇均未达到二级标准。

（二）污染物监测结果

1. 二氧化硫

2015 年，青海省县级城市点环境空气中二氧化硫年均浓度范围为 10 ~ 45 µg/m³，全部达到国家二级标准，其中格尔木市浓度最低，达到一级标准。城南新区、湟源县、乐都区、民和县和格尔木市 5 个城镇（区）日均浓度值全部达到二级标准，达标率为 100%，大通县和湟中县日均浓度值略有超标，超标率

分别为 0.3%、0.6%。各县级城市环境空气中二氧化硫监测统计值见表 4-13，年
均浓度排序见图 4-11。

表 4-13 2015 年各县级城市点二氧化硫监测统计表   单位：μg/m³

城镇名称	日均值评价				年均值评价	
	最小值	最大值	样本数	达标率 / %	浓度	类别 / 超标倍数
城南新区	5	80	346	100	30	二级
大通县	7	168	342	99.7	45	二级
湟中县	3	172	330	99.4	28	二级
湟源县	1	81	323	100	23	二级
乐都区	4	90	361	100	20	一级
民和县	4	145	331	100	39	二级
格尔木市	1	94	330	100	10	一级

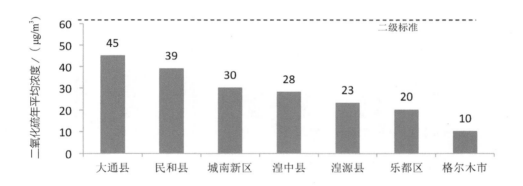

图 4-11 2015 年各县级城市点环境空气中二氧化硫年平均浓度排序

2. 二氧化氮

2015 年，青海省各县级城市点环境空气中二氧化氮年均浓度范围为
19 ~ 53 μg/m³，乐都区年均浓度值超过国家二级标准，超标倍数为 0.33，其他 6
个县级城市点均达到二级标准。大通县日均浓度值全部达到二级标准，达标率为
100%，其他县级城市达标率均在 90% 以上。各县级城市点环境空气中二氧化氮
监测统计值见表 4-14，年均浓度排序见图 4-12。

表 4-14　2015 年各县级城市点二氧化氮监测统计表　　　单位：μg/m³

城镇名称	日均值评价				年均值评价	
	最小值	最大值	样本数	达标率 / %	浓度	类别 / 超标倍数
城南新区	12	129	339	99.7	33	一级
大通县	2	62	316	100	26	一级
湟中县	6	110	331	99.4	25	一级
湟源县	1	171	218	99.1	22	一级
乐都区	2	113	362	92.8	53	超二级（0.33）
民和县	6	90	333	99.4	37	一级
格尔木市	3	93	331	99.7	19	一级

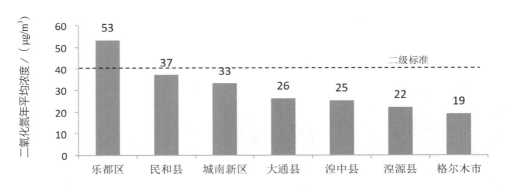

图 4-12　2015 年各县级城市点环境空气中二氧化氮年平均浓度排序

3. 可吸入颗粒物

　　2015 年，青海省各县级城市点环境空气中可吸入颗粒物年均浓度范围为 77 ～ 146 μg/m³，均未达到国家二级标准，其中湟中县年均浓度最高。城南新区和大通县日均浓度达标率在 90% 以上，湟源县、乐都区和格尔木市日均值达标率在 80% 以上，湟中县和民和县达标率最低，分别为 67.3%、69.7%。各县级城市点环境空气中可吸入颗粒物监测统计值见表 4-15，年均浓度排序见图 4-13。

表 4-15　2015 年各县级城市点可吸入颗粒物监测统计表　　单位：μg/m³

城镇名称	日均值评价				年均值评价	
	最小值	最大值	样本数	达标率 / %	浓度	类别 / 超标倍数
城南新区	12	401	345	94.2	77	超二级（0.1）
大通县	32	357	351	91.7	99	超二级（0.41）
湟中县	44	947	330	67.3	146	超二级（1.09）
湟源县	15	397	338	89.6	88	超二级（0.26）
乐都区	21	789	354	81.6	105	超二级（0.5）
民和县	8	590	330	69.7	123	超二级（0.76）
格尔木市	31	559	294	85.7	102	超二级（0.46）

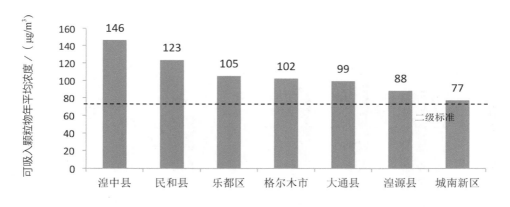

图 4-13　2015 年各县级城市点环境空气中可吸入颗粒物年平均浓度排序

4. 细颗粒物

2015 年，各县级城市点环境空气中细颗粒物年均浓度范围为 27 ～ 92 μg/m³，城南新区达到国家二级标准，其他 6 个均未达到二级标准，湟中县年均浓度最高。日均浓度达标率最低为湟中县，达标率为 46.5%，其次为民和县，达标率为 71.1%，其他 5 个城镇达标率在 83.8% ～ 99.7%。各县级城市点环境空气中细颗粒物监测统计值见表 4-16，年均浓度排序见图 4-14。

表 4-16　2015 年各县级城市点细颗粒物监测统计表　　单位：μg/m³

城镇名称	日均值评价				年均值评价	
	最小值	最大值	样本数	达标率 / %	浓度	类别 / 超标倍数
城南新区	8	91	342	99.7	27	二级
大通县	10	146	351	83.8	54	超二级（0.54）
湟中县	22	751	325	46.5	92	超二级（1.63）
湟源县	9	148	262	90.1	49	超二级（0.4）
乐都区	1	197	359	84.1	44	超二级（0.26）
民和县	6	260	329	71.1	64	超二级（0.83）
格尔木市	8	244	346	92.8	45	超二级（0.29）

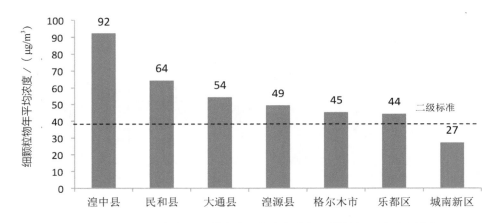

图 4-14　2015 年各县级城市点环境空气中细颗粒物年平均浓度排序

5. 一氧化碳

2015 年，各县级城市点环境空气中一氧化碳 24 小时平均第 95 百分位数范围为 1.66 ~ 3.28 μg/m³，全部达到国家一级标准，其中湟源县浓度最低。大通县、湟中县和乐都区 3 个县级城市日均浓度值达标率在 90% 以上，其他 4 个城市日均值达标率为 100%。各县级城市环境空气中一氧化碳监测统计值见表 4-17，24 h 平均第 95 百分位数排序见图 4-15。

表 4-17 2015 年各县级城市点一氧化碳监测统计表 单位：μg/m³

城镇名称	日均值评价				95 百分位数评价	
	最小值	最大值	样本数	达标率 / %	95 百分位数	类别 / 超标倍数
城南新区	0.26	2.88	345	100	2.36	一级
大通县	0.09	5.81	346	99.1	3.28	一级
湟中县	0.06	4.02	328	99.7	3.24	一级
湟源县	0.10	2.07	263	100	1.66	一级
乐都区	0.24	7.96	357	98.3	3.03	一级
民和县	0.05	3.29	332	100	1.99	一级
格尔木市	0.02	2.46	348	100	1.75	一级

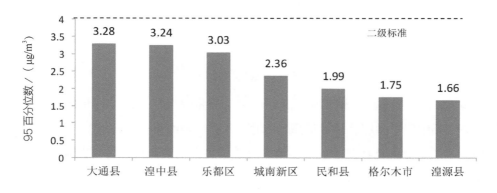

图 4-15 2015 年各县级城市点环境空气中一氧化碳 95 百分位数排序

6. 臭氧

2015 年，青海省各县级城市点环境空气中臭氧最大 8 h 平均第 90 百分位数范围为 116 ~ 160 μg/m³，全部达到国家一级标准，其中湟源县浓度最低。各县级城市日均浓度值达标率均在 90% 以上，湟源县日均值达标率为 100%。各县级城市点臭氧监测统计值见表 4-18，最大 8 h 平均第 90 百分位数排序见图 4-16。

表 4-18 2015 年各县级城市点臭氧监测统计表 单位：μg/m³

城镇名称	日均值评价				90 百分位数评价	
	最小值	最大值	样本数	达标率 / %	90 百分位数	类别 / 超标倍数
城南新区	15	170	344	98.8	130	二级
大通县	11	173	351	99.7	118	二级
湟中县	1	233	329	90.3	160	二级
湟源县	4	157	228	100	116	二级
乐都区	16	175	354	98	137	二级
民和县	13	175	330	97.9	140	二级
格尔木市	12	309	331	99.1	117	二级

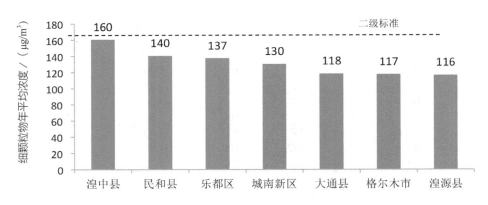

图 4-16　2015 年县级城市点环境空气中臭氧 90 百分位数排序

（三）县级城市点环境空气质量评价

2015 年，青海省各县级城市点环境空气质量综合指数总体评价统计结果见表 4-19，其中湟中县综合指数最高，环境空气污染最严重，玉树州综合指数最低，环境空气质量为优良状况。通过环境空气质量最大指数评价，各县级城市环境空气中污染物最大指数仍为可吸入颗粒物和细颗粒物。2015 年青海省各县级城市点环境空气主要污染物综合指数排序见图 4-17。

表 4-19　2015 年各县级城市点环境空气质量指数统计表

项目	单项指数 I_i						
	城南新区	大通县	湟中县	湟源县	乐都区	民和县	格尔木市
二氧化硫	0.50	0.79	0.72	0.41	0.46	0.65	0.29
二氧化氮	0.82	0.74	0.71	0.61	1.32	0.92	0.60
可吸入颗粒物	1.10	1.41	2.09	1.26	1.71	1.76	1.59
细颗粒物	0.77	1.54	2.63	1.40	1.67	1.83	1.29
一氧化碳	0.59	0.82	0.81	0.42	0.76	0.50	0.44
臭氧	0.81	0.74	1.00	0.72	0.86	0.88	0.73
最大指数 I_{max}	1.10	1.54	2.09	1.40	1.71	1.83	1.59
综合指数 I_{sum}	4.59	6.04	7.96	4.82	6.78	6.54	4.94

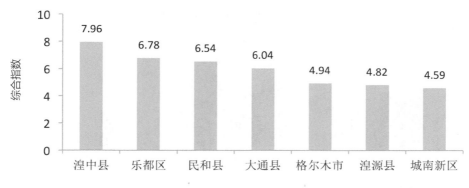

图 4-17　2015 年各县级城市点环境空气主要污染物综合指数排序

第三节　"十二五"环境空气污染物变化趋势

一、二氧化硫

"十二五"期间，青海省县级以上城镇二氧化硫年均浓度达到国家二级标准的城镇比例为 75% ~ 100%，其中达到一级标准的为 20% ~ 50%。2012 年出现超标城镇，超标城镇比例为 25%，其余年份均未出现超标城镇，见表 4-20 和图 4-18。

表 4-20　"十二五"期间县级以上城镇二氧化硫级别分布

年份	城市个数 / 个					城市比例 / %				
	一级	二级	三级	达标城市	超标城市	一级	二级	三级	达标城市	超标城市
2011	1	2	—	3	0	33.3	66.7	—	100	—
2012	3	3	2	6	2	37.5	37.5	25.0	75.0	25.0
2013	4	4	—	8	0	50.0	50.0	—	100	—
2014	2	8	—	10	0	20.0	80.0	—	100	—
2015	7	8	—	15	0	46.7	53.3	—	100	—

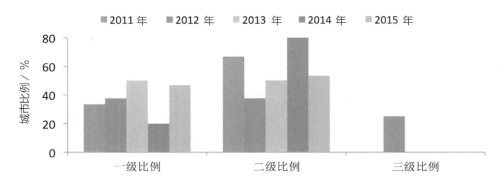

图 4-18 "十二五"期间县级以上城市二氧化硫级别分布比例变化

"十二五"期间,青海省国控城市点和县级城市点二氧化硫年均浓度分别为 7 ~ 68 μg/m³ 和 10 ~ 95 μg/m³,2012 年出现超标城市,其他各年均达到二级标准,国控城市点浓度低于县级城市点。国控城市点二氧化硫年均浓度呈逐步下降趋势,县级城市点年均浓度先升后降,2012 年达到最高值,之后呈下降趋势,见表 4-21 和图 4-19,"十二五"期间西宁市环境空气中二氧化硫浓度变化见图 4-20。

表 4-21 "十二五"期间青海省各城市和城镇二氧化硫年均浓度　　单位：μg/m³

城市类别	2011 年	2012 年	2013 年	2014 年	2015 年
地级城市	43	29	27	29	21
县级城镇	28	70	34	38	28

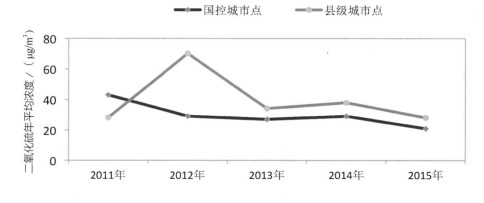

图 4-19 "十二五"期间二氧化硫年平均浓度变化

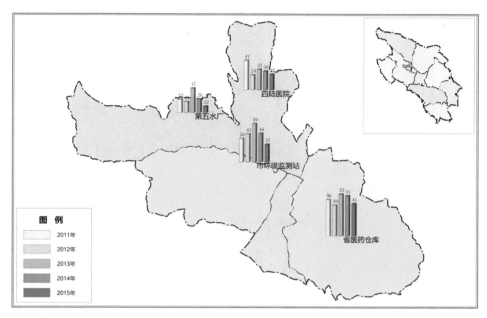

图 4-20 "十二五"期间西宁市环境空气二氧化硫浓度变化示意图

二、二氧化氮

"十二五"期间，青海省县级以上城镇二氧化氮年均浓度达到国家二级标准的城镇比例为 87.5% ~ 100%，其中达到一级标准的为 87.5% ~ 100%。2013年出现超标城镇，超标城镇比例为 12.5%，其余年份均未出现超标城镇，见表 4-22和图 4-21。

表 4-22 "十二五"期间县级以上城镇二氧化氮级别分布

年份	城市个数 / 个					城市比例 / %				
	一级	二级	三级	达标城市	超标城市	一级	二级	三级	达标城市	超标城市
2011	3	—	—	3	0	100	—	—	100	—
2012	8	—	—	8	0	100	—	—	100	—
2013	7	—	1	7	1	87.5	—	12.5	87.5	12.5
2014	10	—	—	10	0	100	—	—	100	—
2015	15	—	—	15	0	100	—	—	100	—

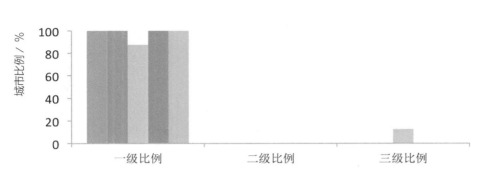

图 4-21 "十二五"期间县级以上城市二氧化氮级别分布比例变化

"十二五"期间，青海省国控城市点和县级城市点二氧化氮年均浓度分别为 6 ~ 41 μg/m³ 和 12 ~ 53 μg/m³，2013 年出现超标城市，其他各年均达到二级标准。国控城市点浓度低于县级城市点，国控城市点和县级城市点二氧化氮年均浓度无明显变化，见表 4-23 和图 4-22，"十二五"期间，西宁市环境空气中二氧化氮浓度变化见图 4-23。

表 4-23 "十二五"期间青海省各城市和城镇二氧化氮年均浓度　单位：μg/m³

城市类别	2011 年	2012 年	2013 年	2014 年	2015 年
地级城市	26	15	19	24	21
县级城镇	24	33	22	29	31

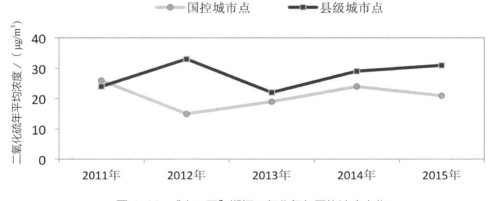

图 4-22 "十二五"期间二氧化氮年平均浓度变化

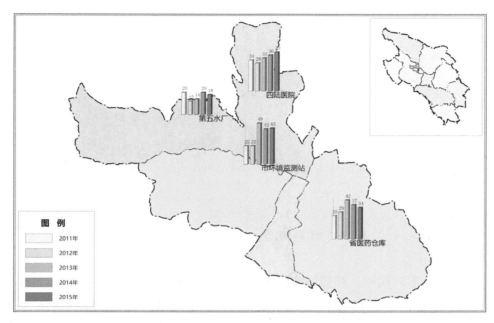

图 4-23　"十二五"期间西宁市环境空气中二氧化氮浓度变化示意图

三、可吸入颗粒物

"十二五"期间，青海省县级以上城镇可吸入颗粒物年均浓度达到国家二级标准的城镇比例为 26.7% ~ 50%，其中达到一级标准比例为 12.5%。2015 年较 2011 年达标比例上升了 26.7%。全省可吸入颗粒物年均浓度超标城市较多，青海省空气主要污染物仍为可吸入颗粒物，详见表 4-24 和图 4-24。

表 4-24　"十二五"期间县级以上城镇可吸入颗粒物级别分布

年份	一级	二级	三级	达标城市	超标城市	一级	二级	三级	达标城市	超标城市
2011	—	—	3	0	3	—	—	100	—	100
2012	1	3	4	4	4	12.5	37.5	50.0	50.0	50.0
2013	1	2	5	3	5	12.5	25.0	62.5	37.5	62.5
2014	—	3	7	3	7	—	30.0	70.0	30.0	70.0
2015	—	4	11	4	11	—	26.7	73.3	26.7	73.3

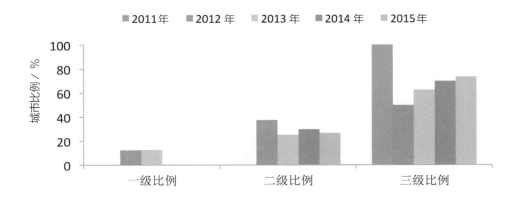

图4-24 "十二五"期间县级以上城市可吸入颗粒物级别分布比例变化

"十二五"期间,国控城市点可吸入颗粒物年均浓度在 31 ~ 163 $\mu g/m^3$,变化较平稳,呈微幅下降趋势。县级城市点可吸入颗粒物年均浓度为 77 ~ 357$\mu g/m^3$,呈下降趋势,2014 年达到最低,2015 年浓度微幅上升。国控城市点可吸入颗粒物浓度均低于县级城市点,见表4-25 和图4-25。"十二五"期间,西宁市环境空气中可吸入颗粒物浓度变化见图4-26。

表4-25 "十二五"期间青海省各城市和城镇可吸入颗粒物年均浓度　　单位:$\mu g/m^3$

城市类别	2011 年	2012 年	2013 年	2014 年	2015 年
地级城市	104	84	114	106	86
县级城镇	251	231	195	115	130

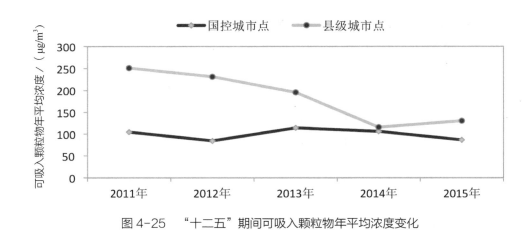

图4-25 "十二五"期间可吸入颗粒物年平均浓度变化

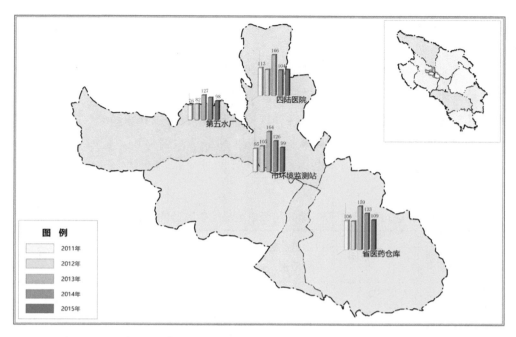

图4-26　"十二五"期间西宁市环境空气中可吸入颗粒物浓度变化示意图

四、一氧化碳

"十二五"期间，青海省国控城市点一氧化碳日均值范围为0.01 ~ 8.51 μg/m³，日均值达标率为98.5% ~ 100%，平均达标率为99.9%，超标率范围为0 ~ 1.5%，平均超标率为0.14%。县级城市点一氧化碳日均值范围为0.02 ~ 7.96 μg/m³，日均值达标率为91% ~ 100%，平均达标率为98.8%，超标率范围为0 ~ 9%，平均超标率为1.2%。国控城市点一氧化碳日均值达标率较高，见表4-26。

表4-26　"十二五"期间县级以上城镇一氧化碳日均值达标率统计

类别	日均值范围	日均值超标率范围	平均超标率	日均值达标率范围	平均达标率
地级城市	0.01 ~ 8.51	0 ~ 1.5%	0.14%	98.5% ~ 100%	99.9%
县级城镇	0.02 ~ 7.96	0 ~ 9%	1.2%	91% ~ 100%	98.8%

五、臭氧

"十二五"期间，青海省国控城市点臭氧日均值范围为 1 ～ 262 µg/m³，日均值达标率为 88.5% ～ 100%，平均达标率为 98.7%，超标率范围为 0 ～ 11.5%，平均超标率为 1.3%。县级城市点臭氧日均值范围为 1 ～ 309 µg/m³，日均值达标率为 90.3% ～ 100%，平均达标率为 98.3%，超标率范围为 0 ～ 9.7%，平均超标率为 1.7%，详见表 4-27。

表 4-27　"十二五"期间县级以上城镇臭氧日均值达标率统计

类别	日均值范围	日均值超标率范围	平均超标率	日均值达标率范围	平均达标率
地级城市	1 ～ 262	0 ～ 11.5%	1.3%	88.5% ～ 100%	98.7%
县级城镇	1 ～ 309	0 ～ 9.7%	1.7%	90.3% ～ 100%	98.3%

第四节　小结

"十二五"期间，国控城市点二氧化硫年均浓度为 21 ～ 43 µg/m³，2012 年起逐步下降；二氧化氮年均浓度为 15 ～ 26 µg/m³，2012 年下降，后又小幅上升；可吸入颗粒物年均浓度为 84 ～ 114 µg/m³，呈微幅变化趋势。县级城市点二氧化硫年均浓度为 28 ～ 70 µg/m³，2012 年上升，后逐步下降；二氧化氮年均浓度为 22 ～ 33 µg/m³，基本保持稳定；可吸入颗粒物年均浓度为 115 ～ 251 µg/m³，呈下降趋势。"十二五"期间，可吸入颗粒物为城市环境空气中首要污染物。

"十二五"期间，青海省空气质量总体良好，但仍存在以下问题：可吸入颗粒物和细颗粒物浓度呈下降趋势，但依然处于较高水平，未达到国家二级标准，仍是影响青海省环境空气质量的主要污染物；因冬季降水少，气候干燥；春季风沙大，植被覆盖率低而裸地面积大，导致可吸入颗粒物浓度较高，影响青海省空气质量的改善。分析其原因，有以下几个方面。

一、气象因素

由于青海省冬春两季风沙多、降水量偏少、空气干燥、气温低，大量植物处于非生长期，且植被覆盖率较低而裸地面积大。青海省年平均降水量 345 mm，年平均相对湿度为 54.9%，年平均风速为 1.4 m/s，年静风频率约为 45%，导致区域和局部地区颗粒物浓度聚积，使得冬春空气质量相对较差。

二、地形条件

青海省人口主要集中在东部河湟谷地，四面环山的不利地形致使颗粒物浓度不断积累增高，大气扩散稀释能力较差，从而整体影响环境空气质量。而青南地区、环青海湖地区、祁连山地区、柴达木戈壁滩等地广人稀，植被覆盖率低，风沙季扬尘的影响使空气质量较差。

三、城市化建设进程

一是建筑施工扬尘对空气质量影响增大。随着城市基础设施建设力度的不断加大，建筑施工场地扬尘已成为环境空气中可吸入（总悬浮）颗粒物的重要来源，据最新卫星遥感数据分析，随着城区拆迁改造范围不断扩大，湟水流域河谷区建筑施工场地数量由 2014 年 1 月的 761 处增加至 2015 年 1 月的 1 020 处，施工场地数量增加 259 处，施工面积达 85.97 km²，大量建筑垃圾和施工渣土露天堆放，未采取有效防扬散措施，二次扬尘影响显著。

二是大气污染物排放，特别是冬季取暖期燃煤使用量的增加，影响环境空气质量。

三是汽车尾气排放成为空气污染的重要来源。随着青海省城市化进程的加快，城市人口密度不断加大，汽车保有量快速增长，截至 2015 年年底西宁市汽车保有量约为 41 万辆，同比增加了 5.2 万辆，致使机动车尾气及道路扬尘对颗粒物浓度"贡献率"明显增加。

第五章

酸 雨

第一节 监测概况

2015 年，西宁市、海西州德令哈市和格尔木市、大通县、海北州、海南州和黄南州开展了辖区内酸雨监测工作，监测点位名称、监测项目、监测频率等见表 5-1。

表 5-1 酸雨监测点位名称

城镇名称	监测点位	监测点位名称	监测项目	监测频率
西宁市	2	四陆医院、医药仓库	pH、电导率及 9 种离子组分（SO_4^{2-}、NO_3^-、F^-、Cl^-、NH_4^+、Ca^{2+}、Mg^{2+}、Na^+、K^+）	逢雨即测
德令哈市	1	海西州环境监测站		
海南州	1	海南州环境监测站		
黄南州	1	黄南州同仁县热贡宾馆		
海北州	1	环保局后房房顶	pH、电导率	
大通县	1	县气象站		
格尔木市	2	市环保局、二水厂	pH	

第二节 2015年降水现状

降水评价标准采用《环境质量报告书编写技术规定》中推荐的标准，即以降水酸度pH<5.6作为划分酸雨的界限。2015年，青海省共采集179个降水样品，单次降水样品pH为6.04～9.80，各城镇降水年均pH为6.64～7.70，降水pH均大于5.6，未出现酸性降水。青海省各城镇降水pH监测统计结果见表5-2，年均pH排序见图5-1。

表5-2 2015年青海省各城镇降水监测数据统计结果

城镇名称	最小值	最大值	年平均值	监测点次数	年降水量／mm	酸雨发生率／%
西宁市	6.12	7.95	6.74	24	221	0
恰不恰镇	6.04	7.53	6.64	4	19.7	0
德令哈市	7.12	9.80	7.70	41	95.1	0
西海镇	7.30	7.56	7.43	48	166.9	0
隆务镇	6.91	8.26	7.30	3	39.7	0
格尔木市	7.00	7.04	7.01	12	37.4	0
大通县	6.75	7.91	7.14	47	717.3	0

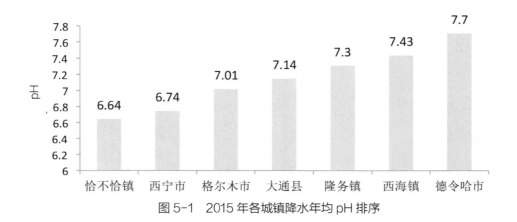

图5-1 2015年各城镇降水年均pH排序

第三节　"十二五"变化趋势

"十二五"期间，青海省各城镇降水年均 pH 均大于 5.6，全省未发生酸性降水，各城镇降水年均 pH 无明显变化，见表 5-3、图 5-2。

表 5-3　2010—2015 年青海省降水 pH 监测数据统计结果

城镇名称	2010 年	2011 年	2012 年	2013 年	2014 年	2015 年
西宁市	6.30	6.23	6.76	6.96	6.74	6.74
恰不恰镇	—	—	—	7.24	—	6.64
德令哈市	7.54	7.51	7.38	7.19	7.27	7.70
西海镇	—	—	7.24	7.04	7.36	7.43
隆务镇	—	—	—	6.70	7.25	7.30
格尔木市	7.17	6.52	6.96	7.02	7.06	7.01
大通县	6.61	6.49	6.92	6.79	7.08	7.14

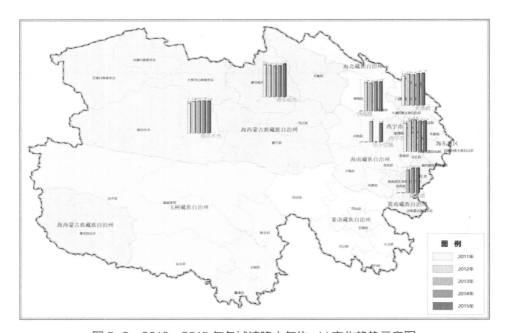

图 5-2　2010—2015 年各城镇降水年均 pH 变化趋势示意图

"十一五"期间，青海省有 2 个城市发生酸雨，其中西宁市酸雨发生率为 1.5%，格尔木市酸雨发生率为 11.1%，其他城市均未出现酸雨。"十二五"期间，全省未出现酸性降水，较"十一五"期间，有明显改善，见表 5-4。

表 5-4　2006—2015 年青海省酸雨发生频率统计结果表

城市	2006 年	2007 年	2008 年	2009 年	2010 年	2011 年	2012 年	2013 年	2014 年	2015 年
西宁市	0	4.1	1.7	1.6	0	0	0	0	0	0
恰不恰镇	—	—	—	—	—	—	—	0	0	0
德令哈市	0	0	0	0	0	0	0	0	0	0
西海镇	—	—	—	—	—	—	0	0	0	0
隆务镇	—	—	—	—	—	—	0	0	0	0
格尔木市	0	0	11.1	0	0	0	0	0	0	0
大通县	0	0	0	0	0	0	0	0	0	0

第四节　小结

"十二五"期间，降水 pH 稳定，青海省未发生酸性降水。

第六章

地表水环境质量

第一节　监测概况

一、监测点位布设

"十二五"初期，青海省地表水监测覆盖黄河干流上游、长江干流上游、湟水河、格尔木河。2012 年新增黑河黄藏寺监测断面，2014 年在湟水干流增设湾子桥和老鸦峡口 2 个监测断面。截至 2015 年，全省地表水共布设 30 个监测断面并开展水质月报例行监测，其中包含 8 个国控断面、18 个省控断面、2 个市控断面、2 个重点流域考核断面。

长江干流布设国控直门达出境断面；黄河干流布设唐乃亥国控断面和大河家、门堂考核断面；在湟水流域干流及一级支流北川河、南川河、沙塘川河共布设 19 个监测断面，在湟水支流大通河上布设国控峡塘断面；在黑河干流布设黄藏寺国控断面；在流经格尔木市区的内流河布设了 5 个省控监测断面。

全省地表水水质例行监测断面布设详见表 6-1 和表 6-2。

表 6-1　黄河、长江及湟水地表水环境质量监测断面一览表

流域	河流名称	断面名称	断面位置	断面类型	控制级别
黄河流域	黄河干流	门堂	果洛州久治县	对照断面	流域考核
		唐乃亥	海南州兴海县	控制断面	国控
		大河家	海东市民和县	青海—甘肃省界断面	流域考核
	黄河支流湟水河	金滩	海北州海晏县	对照断面	国控
		扎马隆	湟中县扎马隆乡	湟源—湟中县界断面	国控
		西钢桥	西宁市城北区	控制断面	省控
		新宁桥	西宁市城西区	控制断面	省控
		报社桥	西宁市城中区	控制断面	省控
		小峡桥	西宁市城东区	西宁—海东市界断面	国控
		湾子桥	海东市乐都区	平安—乐都县界断面	市控
		老鸦峡口	海东市乐都区	乐都—民和县界断面	市控
		民和桥	民和县川口镇	青海—甘肃省界断面	国控
		峡门桥	大通县新庄乡	对照断面	省控
		塔尔桥	大通县塔尔乡	控制断面	省控
		桥头桥	大通县桥头镇	控制断面	省控
		新宁桥—大通	大通县长宁乡	大通县—西宁市界断面	省控
		润泽	西宁市城北区	控制断面	省控
		朝阳桥	西宁市城北区	控制断面	省控
		三其桥	西宁市城东区	互助县—西宁市界断面	省控
		沙塘川桥	西宁市城东区	控制断面	省控
		老幼堡	湟中县总寨乡	对照断面	省控
		七一桥	西宁市城中区	控制断面	省控
		峡塘	海东地区互助县	控制断面	国控
长江流域	长江干流	直门达	玉树州玉树县	称多县—玉树县	国控

表 6-2 内流河水环境质量监测断面一览表

序号	河流名称	断面名称	断面位置	断面类型	控制级别
1	昆仑河	纳赤台	格尔木市	对照断面	省控
2	格尔木河	总场水闸	格尔木市	控制断面	省控
3	格尔木西河	白云桥	格尔木市	控制断面	省控
4		加尔苏	格尔木市	控制断面	省控
5	格尔木东河	小桥	格尔木市	控制断面	省控
6	黑河	黄藏寺	海北州祁连县	青海—甘肃省界断面	国控

二、监测项目、频次及方法

"十二五"初期，地表水国控断面实行水质月报监测，监测项目为《地表水环境质量标准》（GB 3838—2002）表 1 中的 24 项基本项目和电导率。省控断面每年按丰水期、平水期、枯水期进行 3 期监测，自 2012 年 7 月起，省控断面开始实行水质月报监测，监测项目要求与国控断面一致，但由于部分环境监测站监测能力有限，因此监测项目有缺项，见表 6-3 和表 6-4。

表 6-3 地表水环境质量监测单位、监测项目一览表

监测单位	监测河流及监测断面	监测项目
青海省环境监测中心站	湟水干流：金滩 黄河干流：唐乃亥 长江流域：直门达 黑河：黄藏寺	水温、pH、电导率、溶解氧、高锰酸盐指数、生化需氧量、氨氮、石油类、挥发酚、汞、铅、化学需氧量、总氮、总磷、铜、锌、氟化物、硒、砷、镉、六价铬、氰化物、阴离子表面活性剂、硫化物、粪大肠菌群共 25 项
海东市环境监测站	黄河干流：大河家 湟水干流：湾子桥、老鸦峡口、民和桥 湟水支流沙塘川河：三其桥 大通河：峡塘	
西宁市环境监测站	湟水干流：扎马隆、西钢桥、新宁桥、报社桥、小峡桥 北川河：润泽桥、朝阳桥； 南川河：老幼堡、七一桥； 沙塘川河：沙塘川桥	

监测单位	监测河流及监测断面	监测项目
格尔木市环境监测站	昆仑河：纳赤台；格尔木河：总场水闸、白云桥、加尔苏；格尔木东河：小桥	水温、pH、溶解氧、高锰酸盐指数、生化需氧量、氨氮、石油类、挥发酚、汞、铅、化学需氧量、总氮、总磷、铜、锌、氟化物、镉、六价铬、氰化物、阴离子表面活性剂、粪大肠菌群共21项（缺4项）
大通县环境监测站	川河：峡门桥、塔尔桥、桥头桥、新宁桥（大通）、润泽	水温、pH、电导率、溶解氧、高锰酸盐指数、生化需氧量、氨氮、石油类、挥发酚、汞、化学需氧量、总氮、总磷、氟化物、硒、砷、六价铬、氰化物、阴离子表面活性剂、硫化物、粪大肠菌群共21项（缺4项）

表 6-4　地表水环境质量监测分析方法一览表

序号	监测项目	分析方法	方法来源	最低检出限
1	水温	温度计法	GB 13195—91	—
2	溶解氧	碘量法	GB 7489—87	0.2 mg/L
3	高锰酸盐指数	高锰酸钾法	GB 11892—89	0.5 mg/L
4	化学需氧量	重铬酸盐法	GB 11914—89	5 mg//L
5	氨氮	纳氏试剂比色法	HJ 535—2009	0.025 mg/L
6	挥发酚类	4-氨基安替比林分光光度法	HJ 503—2009	0.000 3 mg/L
7	氰化物	异烟酸-吡唑啉酮比色法	HJ 484—2009	0.004 mg/L
8	砷 (As)	原子荧光法	《水和废水监测分析方法》（第四版增补版）	0.000 5 mg/L
9	汞 (Hg)	原子荧光法	HJ 597—2011	0.000 01 mg/L
10	铬（六价）	二苯碳酰二肼比色法	GB 7467—87	0.004 mg/L
11	铅	原子吸收分光光度法	GB 7475—87	0.001 mg/L
12	镉	原子吸收法（石墨炉法）	GB 7475—87	0.000 1 mg/L
13	五日生化需氧量	稀释与接种法	HJ 505—2009	0.5 mg/L
14	pH	玻璃电极法	GB 6920—86	0.01 pH
15	石油类	红外分光光度法	GB/T 16488—1996	0.05 mg/L
16	总磷	钼酸铵分光光度法	GB 11893—89	0.01 mg/L
17	总氮	碱性过硫酸钾消解紫外分光光度法	GB 11894—89	0.05 mg/L

序号	监测项目	分析方法	方法来源	最低检出限
18	铜	2,9- 二甲基 -1,10- 菲罗啉分光光度法	GB 7473—87	0.06 mg/L
		二乙基二硫代氨基甲酸钠分光光度法	GB 7474—87	0.010 mg/L
		原子吸收分光光度法（螯合萃取法）	GB 7475—87	0.001 mg/L
19	锌	原子吸收分光光度法	GB 7475—87	0.02 mg/L
20	氟化物	氟试剂分光光度法	HJ 488—2009	0.05 mg/L
		离子选择电极法	GB 7484—87	0.02 mg/L
		茜素磺酸锆目视比色法	HJ 487—2009	0.01 mg/L
		离子色谱法	HJ/T 84—2001	0.02 mg/L
21	硒	石墨炉原子吸收分光光度法	GB/T 15505—1995	0.003 mg/L
22	硫化物	亚甲基蓝分光光度法	GB/T 16489—1996	0.005 mg/L
23	阴离子表面活性剂	亚甲蓝分光光度法	GB 7494—87	0.05 mg/L
24	粪大肠菌群	多管发酵法、滤膜法	HJ/T 347—2007	—

三、评价标准及方法

（一）评价标准

评价标准依据《地表水环境质量标准》（GB 3838—2002），按照《青海省水环境功能区划》执行相应的标准类别，评价标准类别详见表6-5。

表 6-5　地表水水质评价标准（GB 3838—2002）　　单位：mg/L

项目	标 准 值				
	Ⅰ类	Ⅱ类	Ⅲ类	Ⅳ类	Ⅴ类
pH(无量纲)	6 ～ 9				
溶解氧≥	7.5	6	5	3	2
高锰酸盐指数	2	4	6	10	15
化学需氧量	15	15	20	30	40
五日生化需氧量	3	3	4	6	10
氨氮	0.15	0.5	1.0	1.5	2.0
总磷	0.02	0.1	0.2	0.3	0.4
总氮	0.2	0.5	1.0	1.5	2.0

项　目	标　准　值				
	Ⅰ类	Ⅱ类	Ⅲ类	Ⅳ类	Ⅴ类
铜	0.01	1.0	1.0	1.0	1.0
锌	0.05	1.0	1.0	2.0	2.0
氟化物	1.0	1.0	1.0	1.5	1.5
硒	0.01	0.01	0.01	0.02	0.02
砷	0.05	0.05	0.05	0.1	0.1
汞	0.000 05	0.000 05	0.000 1	0.001	0.001
镉	0.001	0.005	0.005	0.005	0.01
六价铬	0.01	0.05	0.05	0.05	0.1
铅	0.01	0.01	0.05	0.05	0.1
氰化物	0.005	0.05	0.2	0.2	0.2
挥发酚	0.002	0.002	0.005	0.01	0.1
石油类	0.05	0.05	0.05	0.5	1.0
阴离子表表面活性剂	0.2	0.2	0.2	0.3	0.3
硫化物	0.05	0.1	0.2	0.5	1.0
粪大肠菌群/（个/L）	200	2 000	10 000	20 000	40 000

（二）评价方法

1. 单因子评价法

根据《地表水环境质量评价办法（试行）》（总站水字〔2011〕77号）要求，地表水评价指标为《地表水环境质量标准》（GB 3838—2002）表1中除水温、总氮、粪大肠菌群以外的21项指标。采用单因子评价法，即根据评价时段内该断面参评的指标中类别最高的一项来确定。

2. 年度水质评价

以每年12次监测数据的算术平均值进行评价，对于少数因冰封期等原因无法监测的断面（点位），一般应保证每年至少有8次以上（含8次）的监测数据参与评价。

3. 断面主要污染指标的确定

根据评价时段内该断面参评的指标中类别最差的一项来确定。水质类别与定性评价分级的对应关系见表6-6。

表 6-6　断面水质定性评价

水质类别	水质状况	表征颜色	水质功能类别
I～II 类	优	蓝	饮用水水源地一级保护区、珍稀水生生物栖息地、鱼虾类产卵区、仔稚幼鱼的索饵场等
III 类	良好	绿	饮用水水源地二级保护区、鱼虾类越冬场、洄游通道、水产养殖区、游泳区
IV 类	轻度污染	黄	一般工业用水和人体非直接接触的娱乐用水
V 类	中度污染	橙	农业用水及一般景观用水
劣 V 类	重度污染	红	除调节局部气候外，使用功能较差

评价时段内，断面水质为"优"或"良好"时，不评价主要污染指标。断面水质超过III类标准时，先按照不同指标对应水质类别的优劣，选择水质类别最差的前 3 项指标作为主要污染指标。当不同指标对应的水质类别相同时计算超标倍数，将超标指标按其超标倍数大小排列，取超标倍数最大的前 3 项为主要污染指标。当氰化物或铅、铬等重金属超标时，优先作为主要污染指标。

确定主要污染指标的同时，应在指标后标注该指标浓度超过III类水质标准的倍数，即超标倍数，对于水温、pH 和溶解氧等项目不计算超标倍数。

$$超标倍数 = \frac{某指标的浓度值 - 该指标的III类水质标准}{该指标的III类水质标准} \tag{6-1}$$

4. 河流水质状态评价

河流、流域（水系）主要水质类别的判定条件为：

（1）当河流、流域（水系）的断面总数少于 5 个时，计算河流、流域（水系）所有断面各评价指标浓度算术平均值，然后按照断面水质定性评价，并按表 6-7 指出每个断面的水质类别和水质状况；

（2）当河流、流域（水系）的断面总数在 5 个（含 5 个）以上时，采用断面水质类别比例法来评价其水质状况，见表 6-7，河流、流域（水系）的断面总数在 5 个（含 5 个）以上时不做平均水质类别的评价。

表6-7 河流、流域（水系）水质定性评价分级

水质类别	水质状况	表征颜色
Ⅰ～Ⅲ类水质比例≥90%	优	蓝色
75%≤Ⅰ～Ⅲ类水质比例<90%	良好	绿色
Ⅰ～Ⅲ类水质比例<75%，且劣Ⅴ类比例<20%	轻度污染	黄色
Ⅲ类水质比例<75%，且20%≤劣Ⅴ类比例<40%	中度污染	橙色
Ⅰ～Ⅲ类水质比例<75%，且劣Ⅴ类比例≥40%	重度污染	红色

将水质超过Ⅲ类标准的指标按其断面超标率大小排列，一般取断面超标率最大的前3项为主要指标，对于断面少于5个的河流、流域（水系），按断面主要污染指标的方法确定每个断面的主要污染指标。

$$断面超标率=\frac{某指标超过Ⅲ类标准的断面（点位）个数}{断面（点位）总数}\times100\% \quad (6-2)$$

5. 水质变化趋势分析

对河流水质在不同时段的变化趋势进行分析，对照表6-6、表6-7的规定，按下述方法评价：

当水质状况等级不变时，则评价为无明显变化；

当水质状况等级发生一级变化时，则评价为有所变化（好转或变差、下降）；

当水质状况等级发生两级以上（含两级）变化时，则评价为明显变化（好转或变差、下降、恶化）。

环境污染变化趋势在统计上有无显著性，用Daniel进行趋势检验，它使用了spearman的秩相关系数，一般至少应采用4个期间的数据，即5个时间序列的数据。

$$Rs= 1-\frac{6\sum_{i=1}^{N}d_i^{\,2}}{N^3-N} \qquad (6\text{-}3)$$

$$d_i = X_i - Y_i \qquad (6\text{-}4)$$

式中：Rs——秩相关系数；

d_i——变量 X_i 和变量 Y_i 的差值；

X_i——周期 1 到周期 N（$N{\geq}5$）按浓度值从小到大排列的序号；

Y_i——按时间排列的序号。

将秩相关系数 Rs 的绝对值同 sperman 秩相关系数统计表中的临界值 Wp 进行比较。当 N=5 时，Wp=0.900[显著水平（单侧检验）0.05]。

当 $Rs{>}Wp$ 则表明变化趋势有显著意义：

如果 Rs 是负值，则表明在评价时段内有关统计量指标变化呈下降趋势或好转趋势。

如果 Rs 是正值，则表明在评价时段内有关统计量指标变化呈上升趋势或加重趋势。

当 $Rs{\leq}Wp$ 则表明变化趋势没有显著意义，说明在评价时段内水质变化稳定或平稳。

6. 污染指数

（1）污染指标分指数：

$$P_{ij} = \frac{C_{ij}}{C_{io}} \qquad (6\text{-}5)$$

（2）污染分担率：

$$K_i = \frac{P_{ij}}{\sum_{i=1}^{n}P_{ij}} \times 100\% \qquad (6\text{-}6)$$

式中：K_i——i 污染物在该断面诸污染物中的分担率。

（3）污染负荷比：

$$K_j = \frac{P_j}{\sum_{j=1}^{m} P_j} \times 100\% \tag{6-7}$$

式中：m — 参与评价的断面数；

K_j — j 断面的污染负荷比。

在计算污染指数时，采用《地表水环境质量标准》（GB 3838—2002）中的Ⅲ类标准值来计算相关评价指数。

第二节　2015 年地表水环境质量

一、青海省地表水质量状况

2015 年，青海省地表水 30 个例行监测断面中，19 个断面达到水环境功能目标，水质达标率为 63.3%。Ⅰ ~ Ⅲ类水质断面 18 个，占 60.0%，劣 Ⅴ 类水质断面 6 个，占 20.0%。全省地表水监测断面水质类别比例详见图 6-1。

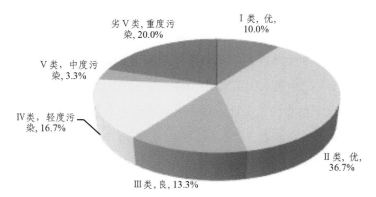

图 6-1　2015 年青海省地表水监测断面水质类别比例

青海境内长江、黄河、大通河、黑河干流监测断面水质类别均为优，格尔木河监测断面水质类别均达到优良。湟水整体水质呈中度污染，其中支流沙塘川河水质为良，支流北川河水质为轻度污染，支流南川河水质为中度污染，湟水干流水质为重度为污染。2015 年青海省地表水水质见图 6-2。

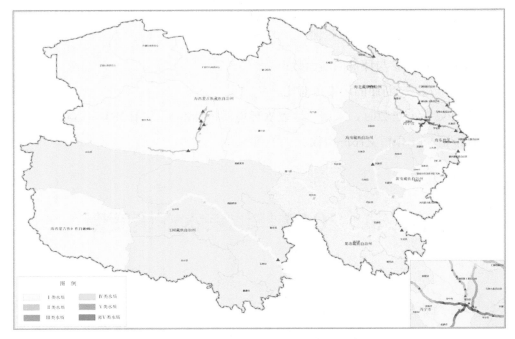

图 6-2　2015 年青海省地表水水质示意图

二、长江干流

2015 年，长江干流直门达断面平均水质为Ⅰ类，水质状况为优，12 个月中Ⅲ类水质达标率为 100%，Ⅰ类水环境功能目标达标率为 50.0%，影响指标为溶解氧和氨氮。3 月、5—9 月共 6 个月溶解氧浓度范围为 6.8 ～ 7.4 mg/L，未达到Ⅰ类标准限值（7.5 mg/L）。地表水中溶解氧浓度与气压成正比，与水温成反比，因此位于高海拔低气压区域的直门达断面，夏季时溶解氧浓度常不能达到Ⅰ类标准。9 月氨氮测值为 0.174 mg/L，略超Ⅰ类标准限值（0.15 mg/L），超标倍数为 0.16。

三、黄河流域

（一）黄河干流

2015 年黄河干流上游门堂断面平均水质为Ⅰ类，水质状况为优，12 个月中Ⅲ类水质达标率为 100%、Ⅰ类水环境功能目标达标率为 33.3%。影响指标为溶解氧、氨氮和总磷。

受高海拔和夏季温度较高的影响，2015年6月、7月、8月门堂断面溶解氧未达到Ⅰ类标准，详见图6-3。1月、4月氨氮浓度分别为0.160 mg/L和0.161 mg/L，略超Ⅰ类标准（0.15 mg/L），超标倍数为0.07。2月、7—9月总磷浓度均为0.03 mg/L，略超Ⅰ类标准（0.02 mg/L），超标倍数为0.5，详见图6-4。

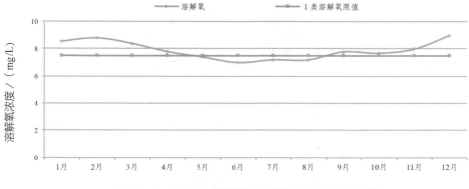

图6-3　2015年门堂断面溶解氧浓度变化示意图

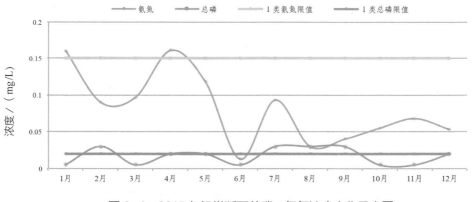

图6-4　2015年门堂断面总磷、氨氮浓度变化示意图

2015年，黄河干流上游唐乃亥断面平均水质为Ⅰ类，水质状况为优，12个月中Ⅲ类水质达标率为100%，Ⅰ类水环境功能目标达标率为50.0%，影响指标为溶解氧、氨氮和总磷。水温相对较高的5—8月，其溶解氧未达标。5月、10月、11月氨氮均未达标，最大超标倍数为0.37，8月总磷未达标，超标倍数为0.5。

2015年，黄河干流上游大河家断面平均水质为Ⅱ类，水质状况为优，Ⅲ类水环境功能达标率为100%，水质较稳定。

（二）湟水河

2015 年，湟水河水质整体呈中度污染，19 个监测断面中 I ~ III 类水质断面 7 个，占断面总数的 36.8%，劣 V 类水质断面 6 个，占 31.6%。达到水环境功能区划目标的断面有 9 个，断面达标率为 47.4%，见图 6-5 和图 6-6。

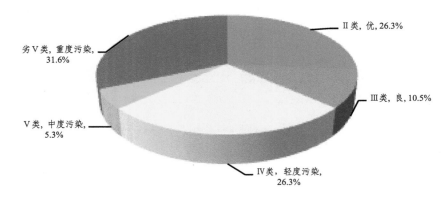

图 6-5　2015 年湟水流域监测断面水质类别比例图

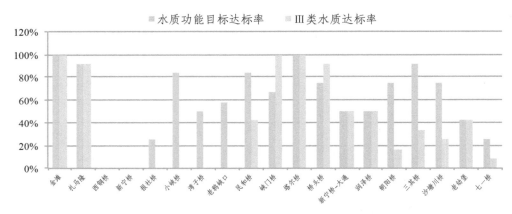

图 6-6　湟水河水监测断面功能和 III 类水质断面对比图

按照《地表水环境质量评价办法（试行）》将湟水水质超过 III 类标准的指标按其断面超标率大小排列，取断面超标率最大的前 3 项总磷（52.6%）、氨氮（42.1%）和化学需氧量（26.3%）为主要污染指标，该 3 项指标年均浓度未达到 III 类标准的断面数分别为 10 个、8 个和 5 个。

四、内流河

（一）黑河

2015 年黑河干流黄藏寺断面平均水质为Ⅰ类，水质状况为优，满足Ⅲ类水环境功能目标水质要求，达标率 100%。

（二）格尔木河

格尔木河上游昆仑河纳赤台断面水质为Ⅰ类，水质状况为优，格尔木河总场水闸、白云桥断面水质均为Ⅱ类，水质状况为优，加尔苏断面水质为Ⅲ类，格尔木东河小桥断面水质为Ⅲ类，水质状况为良。

第三节　"十二五"地表水环境质量变化

一、长江干流

"十二五"期间，长江干流直门达断面年度水质保持Ⅰ类，水质状况为优，水质稳定。

2011—2015 年，直门达断面水质无明显变化趋势。

二、黄河流域

（一）黄河干流

黄河上游干流门堂和唐乃亥断面"十二五"期间年均水质均稳定保持Ⅰ类，大河家断面稳定保持Ⅱ类水质，水质为优，无明显变化趋势。

（二）湟水河

2011 年，湟水河布设 17 个水质监测断面，2014 年在湟水干流增设湾子桥和老鸦峡口断面，断面总数增至 19 个。

"十二五"期间，湟水河总体水质状况由中前期的轻度污染转为后期的中度污染。以 2012 年为转折点，2013—2015 年Ⅰ~Ⅲ类水质断面数量基本稳定。通过计算分析湟水河各监测断面超过Ⅲ类水质标准限值的监测指标，按其断面超标率大小排列，确定湟水河主要污染指标为氨氮、总磷和生化需氧量。"十二五"期间湟水河水质监测断面氨氮、生化需氧量、总磷浓度年际变化见图 6-7 ~ 图 6-9。

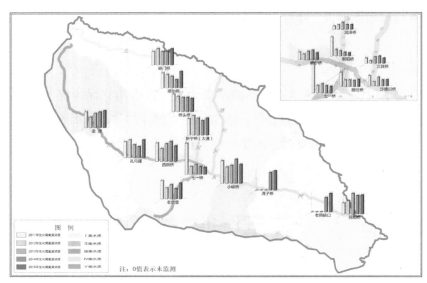

图 6-7 "十二五"期间湟水河监测断面氨氮浓度年际变化示意图

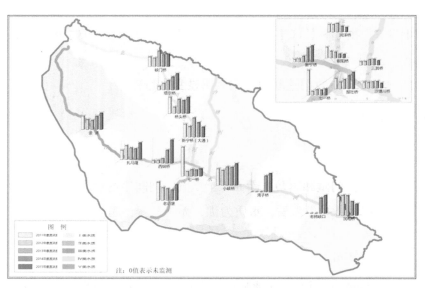

图 6-8 "十二五"期间湟水河监测断面生化需氧量浓度年际变化示意图

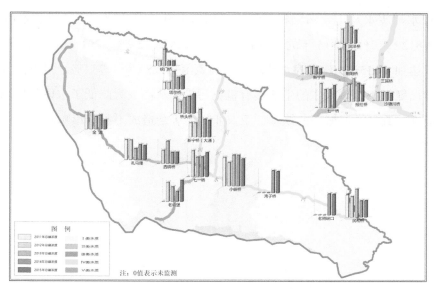

图6-9　"十二五"期间湟水河监测断面总磷浓度年际变化示意图

（三）内流河

自2012年开展内流河黑河水质监测以来，黄藏寺断面持续保持Ⅱ类水质，各月水质类别均达到Ⅱ类，满足Ⅲ类水环境功能目标。"十二五"期间，格尔木河上游昆仑河纳赤台断面水质保持Ⅰ类水质，满足Ⅰ类水环境功能目标，断面达标率为100%；格尔木河总场水闸和白云桥断面水质均为Ⅱ类，达到Ⅱ类水环境功能目标；加尔苏断面水质为Ⅲ类，Ⅲ类水环境功能目标达标率为100%；格尔木东河小桥断面2012—2014年各月水质均能达到Ⅲ类水环境功能目标。

第四节　小结

"十二五"期间，除湟水河外，青海省地表水长江、黄河干流、黑河、格尔木河均保持优良水质类别，水质稳定。

湟水河流域是青海省人口最集中的聚居区，承载全省60.6%人口，创造全省64.1%的生产总值，但流域支流少、径流量小，受降水影响大，河流常有季节性断流的现象，河流自净能力差，污染状况改变较为困难。

　　湟水河废水及主要污染物氨氮排放均呈上升趋势，湟水氨氮排放量由 2011 年的 4 812 t 上升到 2015 年的 5 914.33 t，增幅达到 22.9%，2015 年城镇生活氨氮排放量达到 4 655.52 t，占湟水流域湟水河氨氮排放总量的 78.7%，可见湟水河水质受到以氨氮和总磷为主的生活类有机物污染，从而大大降低了水体的使用价值和功能性，其对沿湟城镇的饮水、工农业生产等会造成不利的影响。

第七章

集中式生活饮用水水源地水质

第一节　监测概况

一、监测点位布设

2015 年，青海省 49 个集中式生活饮用水水源地进行水质监测，其中 17 个为地表饮用水水源地，32 个为地下饮用水水源地，各水源地分别根据城市级别和水源地属性按月、季、年开展水质监测及全项目分析监测。2015 年各监测点位、监测频率、监测项目见表 7-1 和表 7-2。

表 7-1 2015 年地下水水源地水质监测项目及频率

	城市名称	监测点位	监测频率	监测项目
地级以上城市	西宁市	三水厂、徐家寨水厂、四水厂、五水厂、六水厂、多巴水厂水源地	每月监测1次，每次监测1天，每天采样1次（8月全分析监测1次）	pH、总硬度、硫酸盐、氯化物、铁、锰、铜、锌、挥发酚、阴离子合成洗涤剂、高锰酸盐指数、硝酸盐氮、亚硝酸盐氮、氨氮、氟化物、氰化物、汞、砷、硒、镉、六价铬、铅、总大肠菌群数，共23项，并统计取水量，全分析监测项目为《地下水质量标准》（GB/T 14848—1993）中的39项
	海北州	西海镇麻匹寺水源地		
	海西州	德令哈市巴音河傍河水源地		
	格尔木市	格尔木河冲洪积扇水源地		
	果洛州	玛沁县大武镇野马滩水源地		
	玉树州	玉树县结古镇扎喜科河傍河水源地		
县级行政单位所在城镇	西宁市	湟源县城关镇大华水源地、大通县桥头镇水源地、湟中县鲁沙尔镇青石坡水源地	每半年监测1次，每次监测1天，每天采样1次（全分析监测1次）	
	海东市	互助县西坡水源地、乐都县引胜河水源地		
	海西州	乌兰县希里沟镇、天峻县新源镇、大柴旦镇、冷湖镇、花土沟镇阿拉尔水源地		
	海北州	祁连县八宝镇水源地、门源县浩门镇老虎沟水源地、海晏县三角城镇水源地		
	黄南州	河南县优干宁镇水源地		
	果洛州	达日县吉迈镇跨热沟水源地、甘德县柯曲镇水源地、久治县智青松多镇水源地、玛多县玛查理河水源地		
	玉树州环境保护局	杂多县清水沟水源地、称多县西曲河傍河水源地、治多县城聂恰曲水源地		

表 7-2 2015 年地表水源地水质监测项目及频率

城市名称		监测点位	监测频率	监测项目
地级以上城市	西宁市	西宁市七水厂黑泉水源地	每月监测 1 次，每次监测 1 天，每天采样 1 次（8 月全分析监测 1 次）	《地表水环境质量标准》表 1 的基本项目（23 项，化学需氧量除外）、表 2 的补充项目（5 项）和表 3 的优选特定项目（33 项），共 61 项，并统计取水量。全分析监测项目为《地表水环境质量标准》（GB 3838—2002）中 109 项
	海南州	共和县恰卜恰镇恰让水库水源地		
县级行政单位所在城镇	黄南州	同仁县隆务镇江龙沟水源地	每季度监测 1 次，每次监测 1 天，每天采样 1 次（8 月全分析监测 1 次）	
		泽库县夏德日河水源地、尖扎县麦什扎黄河水源地		
	果洛州	班玛县赛来塘镇水源地		
	玉树州	囊谦县那容沟水源地、曲麻莱县龙那沟水源地		
	海北州	刚察县沙柳河水源地		
	海东市	民和县西沟水源地、化隆县后沟水库水源地、循化县积石镇黄河水源地		
	海西州	都兰县察汗乌苏水源地		
	海南州	同德县尕干曲水源地、兴海县龙曲沟水源地、贵德县西海岗拉弯水源地、贵南县卡加水库水源地		

二、评价标准及方法

集中式生活饮用水地下水源地水质评价按照《地下水质量标准》（GB/T 14848—1993）中Ⅲ类标准进行评价，采用评分法进行综合评价分析，由式（7-1）和式（7-2）计算出综合评价分值 F：

$$F = \sqrt{\frac{\overline{F}^2 + F_{max}^2}{2}} \tag{7-1}$$

$$\overline{F} = \frac{1}{n} \sum_{i=1}^{n} F_i \tag{7-2}$$

式中：$\overline{F}$——各单项组分评分值 F_i 的平均值；

F_{max} —— 单项组分评分值 F_i 的最大值；

n —— 项数。

按《地下水质量标准》（GB/T 14848—1993）中所列分类指标，F_i 值分为 5 类，见表 7-3，代号与水质类别代号相同，不同类别标准值相同时，从优不从劣。

表 7-3　地下水评价分类指标

类别	I	II	III	IV	V
F_i	0	1	3	6	10

对各类别确定单项组分评价分值 F_i，根据 F 值，按地下水质分级指标划分地下水质量级别，再将细菌学指标评价类别注在级别定名之后，见表 7-4。

表 7-4　地下水质量分级指标

项目	优良	良好	较好	较差	极差
F	＜ 0.8	0.8 ～＜ 2.5	2.5 ～ 4.25	4.25 ～ 7.2	＞ 7.2

水质达标率计算公式为：

$$总达标水量＝各饮用水源达标水量之和 \qquad （7-3）$$
$$取水总量＝各饮用水源取水量之和 \qquad （7-4）$$
$$饮用水源水质达标率＝（总达标水量 ÷ 取水总量）× 100\%。\qquad （7-5）$$

集中式生活饮用水地表水源地取水点水质评价对照《地表水环境质量标准》（GB 3838—2002）III 类标准值，进行单因子评价。地下水质量标准详见表 7-5。

表 7-5　地下水质量标准（GB/T 14848—1993）

项目	III类标准限值 /（mg/L）	项目	III类标准限值 /（mg/L）
色 / 度	≤ 15	氟化物	≤ 1.0
嗅和味	无	氰化物	≤ 0.05
浑浊度 / 度	≤ 3	总汞	≤ 0.001
肉眼可见物	无	总砷	≤ 0.05
pH（无量纲）	6.5 ～ 8.5	总硒	≤ 0.01

项目	III类标准限值 / （mg/L）	项目	III类标准限值 / （mg/L）
总硬度	≤ 450	总镉	≤ 0.01
硫酸盐	≤ 250	六价铬	≤ 0.05
氯化物	≤ 250	总铅	≤ 0.05
铁	≤ 0.3	铍	≤ 0.000 2
锰	≤ 0.1	钡	≤ 1.0
铜	≤ 1.0	镍	≤ 0.05
锌	≤ 1.0	滴滴滴（μg/l）	≤ 1.0
挥发酚类	≤ 0.002	六六六（μg/l）	≤ 5.0
阴离子表面活性剂	≤ 0.3	总大肠菌群（个 /L）	≤ 3.0
高锰酸盐指数	≤ 3.0	细菌总数（个 /mL）	≤ 100
硝酸盐氮	≤ 20	总 α 放射性（Bq/L）	≤ 0.1
亚硝酸盐氮	≤ 0.02	总 β 放射性（Bq/L）	≤ 1.0
氨氮	≤ 0.2		

第二节　2015 年水质现状

2015 年，青海省 49 个集中式生活饮用水水源地水质全部达标，达标率为 100%，均满足人体健康需求。

一、地表饮用水水源地

2015 年，青海省 17 个地表饮用水水源地水质常规项目监测分析表明水质达标率为 100%，其中 I 类水质水源地占 47%，II 类占 53%，水质均为优。地级以上城市 3 个地表饮用水水源地水质全分析监测表明水质均为优。

2015 年青海省各城市集中式地表饮用水水源地水质类别统计结果见表 7-6。

表 7-6　2015 年青海省各城市集中式地表饮用水水源地水质类别统计结果

城市	水源地名称	水源地性质	年均水质
西宁市	七水厂黑泉水库水源地	湖库	II
海东市	后沟水库水源地	湖库	I
	积石镇黄河水源地	河流	I
	西沟水源地	河流	I
海西州	察汗乌苏水源地	河流	II
海南州	西海岗拉湾水源地	河流	I
	卡加水库水源地	湖库	II
	龙曲沟水源地	河流	II
	恰卜恰镇恰让水库水源地	湖库	II
	尕干曲水源地	河流	II
海北州	沙柳河水源地	河流	I
黄南州	隆务镇江龙沟水源地	河流	I
	夏德日河水源地	河流	II
	麦什扎黄河水源地	河流	I
果洛州	赛来塘镇水源地	河流	I
玉树州	那容沟水源地	河流	II
	龙那沟水源地	河流	II

二、地下饮用水水源地

2015 年，32 个集中式地下饮用水水源地水质常规监测项目监测结果表明各评价因子年均浓度值均达到Ⅲ类标准，水质达标率 100%。水源地中Ⅱ类水质占 18.8%，Ⅲ类水质占 81.2%，水质均为良好，详见表 7-7。

2015 年青海省地级城市、县级行政单位所在城镇集中式饮用水源水质均为Ⅲ类及以上水质，详见图 7-1。

表 7-7　2015 年青海省各城市集中式地下饮用水水源地水质类别统计结果

城市	所属地区	水源地名称	水源地性质	年均水质
西宁市	西宁市	三水厂	地下水	III
	西宁市	四水厂	地下水	III
	西宁市	五水厂	地下水	III
	西宁市	六水厂	地下水	III
	西宁市	多巴水厂	地下水	III
	西宁市	徐家寨水厂	地下水	II
	大通县	桥头镇水源地	地下水	II
	湟中县	鲁沙尔镇青石坡水源地	地下水	III
	湟源县	城关镇大华水源地	地下水	II
海东市	互助县	西坡水源地	地下水	III
	乐都区	引胜河水源地	地下水	III
海西州	格尔木市	格尔木河冲洪积扇水源地	地下水	II
	德令哈市	巴音河傍河水源地	地下水	III
	乌兰县	希里沟镇水源地	地下水	III
	天峻县	新源镇水源地	地下水	III
	大柴旦行委	大柴旦镇水源地	地下水	III
	冷湖行委	冷湖镇水源地	地下水	III
	茫崖行委	花土沟镇阿拉尔水源地	地下水	III
海北州	西海镇	西海镇麻匹寺水源地	地下水	III
	海晏县	三角城镇水源地	地下水	II
	门源县	浩门镇老虎沟水源地	地下水	II
	祁连县	八宝镇水源地	地下水	III
黄南州	河南县	优干宁镇水源地	地下水	III
果洛州	玛沁县	大武镇野马滩水源地	地下水	III
	达日县	吉迈镇跨热沟水源地	地下水	III
	甘德县	柯曲镇水源地	地下水	III
	久治县	久治县智青松多镇水源地	地下水	III
	玛多县	玛多县玛查理河水源地	地下水	III
玉树州	玉树市	结古镇扎喜科河傍河水源地	地下水	III
	杂多县	杂多县清水沟水源地	地下水	III
	称多县	称多县西曲河傍河水源地	地下水	III
	治多县	治多县聂恰曲水源地	地下水	III

图 7-1　2015 年青海省集中式饮用水源地水质类别示意图

2015 年，对地级以上城市 11 个地下饮用水水源地进行 1 次水质全分析监测，评价结果表明西宁市四水厂、格尔木市冲洪积扇水源地、西海镇麻匹寺水源地和玉树市结古镇扎喜科河傍河水源地水质均为优，五水厂、六水厂和多巴水厂水质较好，其余 4 个水源地水质为良好。

2015 年青海省地下饮用水水源地水质全分析综合评价详见表 7-8。

表 7-8　2015 年青海省地级以上城市地下水水源地水质全分析综合评价结果

城市名称	水源地名称	综合评价	
		综合评价分值 F	级别（细菌总数类别）
西宁市	三水厂	2.13	良好（Ⅰ类）
	四水厂	0.71	优（Ⅰ类）
	五水厂	4.25	较好（Ⅰ类）
	六水厂	4.25	较好（Ⅰ类）
	多巴水厂	4.25	较好（Ⅰ类）
	徐家寨水厂	2.12	良好（Ⅰ类）

城市名称	水源地名称	综合评价	
		综合评价分值 F	级别（细菌总数类别）
海西州	巴音河傍河水源地	2.13	良好（Ⅰ类）
	冲洪积扇水源地	0.71	优（Ⅰ类）
海北州	西海镇麻匹寺水源地	0.71	优（Ⅰ类）
果洛州	大武镇野马滩水源地	2.12	良好（Ⅰ类）
玉树州	结古镇扎喜科河傍河水源地	0.71	优（Ⅰ类）

第三节 "十二五"变化趋势

一、地表饮用水水源地

"十二五"期间，青海省地表水水源地水质保持稳定，达标率均为100%（见表7-9）。2011—2015年，各地表水源地水质主要监测因子浓度均保持在Ⅱ类标准之内，年均浓度值类别无明显变化，水质类别为优的水源地占比保持100%，与2010年相比无变化（见表7-10）。

表7-9 2010—2015年青海省地表水水源地水质达标评价结果　　单位：万t

城市	2010年	2011年	2012年	2013年	2014年	2015年
西宁市	—	—	922.98	1 080.0	1 078.8	1 150.857
海东市	—	—	—	218.4	308.4	308.4
海南州	—	—	—	—	—	678
海西州	—	—	—	172.8	168.0	192
海北州	—	—	—	—	8.4	4.8
黄南州	—	—	—	—	48.0	288
果洛州	—	—	—	—	108.0	108.0
总计				1 471.2	1 719.6	2 730.057
达标率	100%	100%	100%	100%	100%	99.6%

注：2010年、2011年西宁市地表水未统计水量。

表 7-10　2010—2015 年青海省地表水水源地水质类别及优良水源地百分比变化

城市	水源地名称	2010 年	2011 年	2012 年	2013 年	2014 年	2015 年
西宁市	七水厂黑泉水库水源地	Ⅱ（优）	Ⅰ（优）	Ⅱ（优）	Ⅱ（优）	Ⅱ（优）	Ⅱ（优）
海东市	后沟水库水源地	—	—	—	Ⅱ（优）	Ⅱ（优）	Ⅰ（优）
	积石镇黄河水源地	—	—	—	—	Ⅰ（优）	Ⅰ（优）
	西沟水源地	—	—	—	Ⅰ（优）	Ⅰ（优）	Ⅰ（优）
海西州	察汗乌苏水源地	—	—	—	Ⅱ（优）	Ⅱ（优）	Ⅱ（优）
海南州	西海岗拉湾水源地	—	—	—	—	—	Ⅰ（优）
	卡加水库水源地	—	—	—	—	—	Ⅱ（优）
	龙曲沟水源地	—	—	—	—	—	Ⅱ（优）
	恰卜恰镇恰让水库水源地	—	—	—	—	—	Ⅱ（优）
	孕干曲水源地	—	—	—	—	—	Ⅱ（优）
海北州	沙柳河水源地	—	—	—	—	Ⅱ（优）	Ⅰ（优）
黄南州	隆务镇江龙沟水源地	—	—	—	—	Ⅰ（优）	Ⅰ（优）
	夏德日河水源地	—	—	—	—	Ⅰ（优）	Ⅱ（优）
	麦什扎黄河水源地	—	—	—	—	Ⅰ（优）	Ⅰ（优）
果洛州	赛来塘镇水源地	—	—	—	—	Ⅱ（优）	Ⅰ（优）
玉树州	那容沟水源地	—	—	—	—	Ⅱ（优）	Ⅱ（优）
	龙那沟水源地	—	—	—	—	Ⅰ（优）	Ⅱ（优）
监测水源地总数 / 个		1	1	1	4	12	17
优良水源地数 / 个		1	1	1	4	12	17
优良水源地所占比例 / %		100	100	100	100	100	100

二、地下饮用水水源地

"十二五"期间，地下水源地主要监测因子年均浓度值基本稳定，水质达标率为 98.98% ~ 100%，各地下水源地水质主要监测因子浓度基本保持在Ⅲ类（良好）标准之内。水质类别为优的水源地占比为 85.7% ~ 100%。水质超标水源地主要为西宁市一水厂、海东市引胜河水源地、果洛州玛沁县大武镇野马滩水源地和达日县吉迈镇跨热沟水源地，超标因子主要为总硬度（见表 7-11、表 7-12）。

表 7-11 2011—2015 年青海省地下水源地水水质达标评价结果 单位：万 t

城市	2011 年	2012 年	2013 年	2014 年	2015 年
西宁市	8 801.29	9 352.51	10 321.16	10 130.036	9 488.84
海东市	—	—	313.2	355.2	367.2
海西州	—	—	4 886.2	5 589.6	4 684.6
海北州	—	—	2.88	18.45	34.8
黄南州	—	—	—	—	20.4
果洛州	—	—	—	792	792
玉树州	—	—	—	—	684
总计	8 801.29	9 352.51	15 523.44	16 885.286	16 071.84
达标率	100%	98.98%	100%	99.9%	99.8%

表 7-12 2011—2015 年青海省地下水水源地水质类别及优水源地百分比变化

城市	水源地名称	2011 年	2012 年	2013 年	2014 年	2015 年
西宁市	一水厂	—	IV（轻度）	—	—	—
	三水厂	III（良好）	III（良好）	III（良好）	III（良好）	III（良好）
	四水厂	II（优）	III（良好）	III（良好）	II（优）	III（良好）
	五水厂	II（优）	III（良好）	II（优）	II（优）	III（良好）
	六水厂	I（优）	II（优）	II（优）	III（良好）	III（良好）
	多巴水厂	III（良好）	III（良好）	III（良好）	III（良好）	III（良好）
	徐家寨水厂	—	III（良好）	III（良好）	III（良好）	II（优）
	桥头镇水源地	—	I（优）	I（优）	I（优）	II（优）
	鲁沙尔镇青石坡水源地	—	III（良好）	III（良好）	III（良好）	III（良好）
	城关镇大华水源地	—	III（良好）	III（良好）	III（良好）	II（优）
海东市	西坡水源地	—	III（良好）	III（良好）	II（优）	III（良好）
	引胜河水源地	—	III（良好）	III（良好）	IV（轻度）	III（良好）
海西州	格尔木河冲洪积扇水源地	—	II（优）	II（优）	II（优）	II（优）
	巴音河傍河水源地	—	III（良好）	III（良好）	III（良好）	III（良好）
	希里沟镇水源地	—	III（良好）	III（良好）	III（良好）	III（良好）
	新源镇水源地	—	III（良好）	III（良好）	III（良好）	III（良好）
	大柴旦镇水源地	—	III（良好）	III（良好）	III（良好）	III（良好）
	冷湖镇水源地	—	III（良好）	III（良好）	III（良好）	III（良好）
	花土沟镇阿拉尔水源地	—	III（良好）	III（良好）	III（良好）	III（良好）
海北州	西海镇麻匹寺水源地	—	III（良好）	III（良好）	III（良好）	III（良好）
	三角城镇水源地	—	—	—	III（良好）	II（优）
	浩门镇老虎沟水源地	—	—	—	II（优）	II（优）
	八宝镇水源地	—	—	—	II（优）	III（良好）
黄南州	优干宁镇水源地	—	—	—	—	III（良好）

城市	水源地名称	2011 年	2012 年	2013 年	2014 年	2015 年
果洛州	大武镇野马滩水源地	—	—	—	Ⅳ（轻度）	Ⅲ（良好）
	吉迈镇跨热沟水源地	—	—	—	Ⅳ（轻度）	Ⅲ（良好）
	柯曲镇水源地	—	—	—	Ⅲ（良好）	Ⅲ（良好）
	久治县智青松多镇水源地	—	—	—	Ⅲ（良好）	Ⅲ（良好）
	玛多县玛查理河水源地	—	—	—	Ⅲ（良好）	Ⅲ（良好）
玉树州	结古镇扎喜科河傍河水源地	—	—	—	Ⅱ（优）	Ⅲ（良好）
	杂多县清水沟水源地	—	—	—	Ⅲ（良好）	Ⅲ（良好）
	称多县西曲河傍河水源地	—	—	—	Ⅲ（良好）	Ⅲ（良好）
	治多县聂恰曲水源地	—	—	—	Ⅳ（轻度）	Ⅲ（良好）
监测水源地总数 / 个		5	7	19	31	32
优良水源地数 / 个		5	6	19	27	32
优良水源地所占比例 / %		100	85.7	100	87.1	100

第四节　小结

　　"十二五"期间，青海省地表水源地水质保持稳定，达标率均为 100%，地表水源地水质主要监测因子浓度均保持在 Ⅱ 类标准之内，水质类别为优的水源地占比保持 100%。地下水源地主要监测因子年均浓度值基本稳定。

第八章

声环境

第一节　监测概况

一、点位布设

"十二五"期间，青海省仅在西宁市开展了功能区环境噪声监测，共布设 5 个监测点，其中 1 类区域（居住区）1 个、2 类区域（混合区）1 个、3 类区域（工业区）1 个、4 类区域（交通干线两侧区域）2 个。

全省环境区域噪声监测共布设了 332 个监测点，其中西宁市有 224 个，海东市平安区和海西州格尔木市从 2013 年开始开展区域噪声监测，海东市平安区布设 1 个点，海西州格尔木市布设 107 个。

全省开展交通噪声监测的共有 47 条主干道，其中西宁市监测了 35 条主干道，海东市平安区和海西州格尔木市从 2013 年开始开展交通噪声监测，海东市平安区监测了 1 条主干道，海西州格尔木市监测了 11 条主干道。

二、评价标准及方法

城市功能区噪声评价依据《声环境质量标准》（GB 3096—2008）中的规定进行，见表 8-1。

表 8-1　功能区声环境质量标准（GB 3096—2008）　　　单位：dB（A）

声环境功能区类别		0 类	1 类	2 类	3 类	4a 类	4b 类
时段	昼间	≤ 50	≤ 55	≤ 60	≤ 65	≤ 70	≤ 70
	夜间	≤ 40	≤ 45	≤ 50	≤ 55	≤ 55	≤ 60

　　城市区域噪声总体水平评价依据《城市区域声环境质量总体水平等级划分》（声环境质量常规监测暂行技术规定），见表 8-2。

表 8-2　城市区域环境噪声质量等级划分　　　单位：dB（A）

等级	好（一级）	较好（二级）	轻度污染（三级）	中度污染（四级）	重度污染（五级）
等效声级	≤ 50.0	50.0 ~ 55.0	55.0 ~ 60.0	60.0 ~ 65.0	> 65.0

　　城市道路交通声评价依据《道路交通噪声强度等级划分》（声环境质量常规监测暂行技术规定），见表 8-3。

表 8-3　道路交通噪声质量等级划分　　　单位：dB（A）

等 级	好（一级）	较好（二级）	轻度污染（三级）	中度污染（四级）	重度污染（五级）
等效声级	≤ 68.0	68.0 ~ 70.0	70.0 ~ 72.0	72.0 ~ 74.0	> 74.0

第二节　2015 年声环境质量

一、城市功能区声环境

西宁市 1 类（居住区）功能区和 4 类（交通干线两侧区域）功能区噪声均超标。其中 1 类区环境噪声昼间 58.2dB（A）、夜间 46.1dB（A），分别超标 3.2dB（A）和 1.1dB（A）；4 类区环境噪声昼间 71.7dB（A）、夜间 66.6dB（A），分别超标 1.7dB（A）和 11.6dB（A）。

2 类（混合区）和 3 类（工业区）功能区环境噪声均达标。其中：2 类区昼间 58.5dB（A）、夜间 49.4dB（A）；3 类区昼间 56.7dB（A）、夜间 46.7dB（A）。

二、城市区域声环境

西宁市区域环境噪声设监测点 224 个，平均等效声级为 52.2dB（A），比 2014 年下降 0.3 dB（A），区域环境质量等级为较好。海东市平安区域环境噪声监测设点 1 个，等效声级为 58.7 dB（A），区域环境质量等级为轻度污染。海西州格尔木市区域环境噪声监测设点 107 个，平均等效声级为 55.0 dB（A），区域环境质量等级为较好。

三、城市道路交通声环境

西宁市对 35 条主干道交通噪声进行监测，监测路段总长 85.7 km，监测期间平均车流量为 1 191 辆 /h，平均等效声级为 69.3dB（A），交通环境质量等级仍为较好。

海东市对平安区 1 条主干道交通噪声进行监测，监测路段总长 6.0 km，监测期间平均车流量为 300 辆 /h，平均等效声级为 67.5dB（A），交通环境质量等级由较好上升为好。

海西州对格尔木市 11 条主干道的交通噪声进行监测，监测路段总长 23.2 km，监测期间平均车流量为 290 辆 /h，平均等效声级为 67.0dB（A），交通环境质量等级仍为好。

第三节　"十二五"声环境质量变化趋势

一、城市功能区声环境

"十二五"期间，西宁市建成区功能区声环境达标率呈波动上升趋势。一类功能区在 2011—2013 年，昼间噪声均未达标，2014—2015 年达标率也仅达到 25%；二类功能区除 2014 年达标率为 100% 外，其余年度达标率均为 75%；三类功能区在 2012 年、2014 年、2015 年达标率均达到了 100%，2013 年为 75%，2011 年最低，为 25%；四类功能区 2012 年、2013 年、2014 年均未达标，2011、2015 年达标率均为 12.5%。夜间达标率相对稳定，一类功能区 5 年中夜间噪声达标率均未达到 100%，在 25% ~ 75% 变动；二类功能区除 2013 年达标率为 75% 外，其余年度达标率均为 50%；三类功能区 5 年达标率均达到了 100%；四类功能区 5 年均未达标。各功能区的昼间、夜间平均值年际变化情况见表 8-4 和图 8-1、图 8-2。

表 8-4　城市功能区噪声平均等效声级比较

功能区类别		1 类		2 类		3 类		4 类	
监测年度	功能区类别	LD	LN	LD	LN	LD	LN	LD	LN
2011 年	达标点次	0	1	3	2	1	4	1	0
	监测点次	4	4	4	4	4	4	8	8
	达标率 / %	0	25	75	50	25	100	12.5	0
	年均值 / dB(A)	57.47	45.45	58.63	50.01	64.73	50.83	73.03	68.94

功能区类别		1 类		2 类		3 类		4 类	
2012 年	达标点次	0	2	3	2	4	4	0	0
	监测点次	4	4	4	4	4	4	8	8
	达标率 / %	0	50	75	50	100	100	0	0
	年均值 / dB(A)	56.42	44.11	58.11	51.10	56.81	49.16	73.18	69.44
达标率与上年比较		持平	上升	持平	持平	上升	持平	下降	持平
2013 年	达标点次	0	3	3	3	3	4	0	0
	监测点次	4	4	4	4	4	4	8	8
	达标率 / %	0	75	75	75	75	100	0	0
	年均值 / dB(A)	56.72	44.80	58.94	49.90	59.33	47.78	73.35	68.42
达标率与上年比较		持平	上升	持平	上升	下降	持平	持平	持平
2014 年	达标点次	1	3	4	2	4	4	0	0
	监测点次	4	4	4	4	4	4	8	8
	达标率 / %	25	75	100	50	100	100	0	0
	年均值 / dB(A)	57.11	45.30	56.64	49.48	57.04	47.03	71.73	66.42
达标率与上年比较		上升	持平	上升	下降	上升	持平	持平	持平
2015 年	达标点次	1	2	3	2	4	4	1	0
	监测点次	4	4	4	4	4	4	8	8
	达标率 / %	25	50	75	50	100	100	12.50	0
	年均值 / dB(A)	58.16	46.13	58.52	49.42	56.72	46.71	71.71	66.55
达标率与上年比较		持平	下降	下降	持平	持平	持平	上升	持平

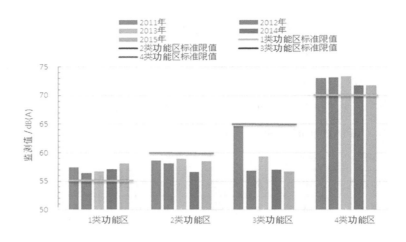

图 8-1 2011—2015 年功能区声环境质量（昼间）

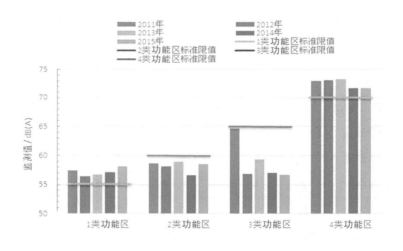

图 8-2 2011—2015 年功能区声环境质量（夜间）

二、城市区域环境噪声

"十二五"期间，西宁市建成区区域声环境质量等级均为较好，质量稳定。

2013 年海东市平安区和海西州格尔木市开始开展区域噪声监测。2013—2015 年，海东市平安区区域声环境质量为轻度污染，2013 年、2014 年海西州格尔木市区域声环境质量为轻度污染，2015 年声环境质量为较好，见表 8-5、图 8-3。

表 8-5　城市建成区噪声平均等效声级比较

监测年度	城市名称	网格边长 / m	网格总数 / 个	L_{10} / dB（A）	L_{50} / dB（A）	L_{90} / dB（A）	L_{EQ} / dB（A）	质量等级	上年噪声均值
2011	西宁市	375	224	56.83	50.18	46.93	53.58	较好	53.15
2012		375	224	55.90	50.74	48.00	54.66	较好	53.58
2013		375	224	56.40	50.93	47.12	54.31	较好	54.66
2014		375	224	55.14	50.64	46.71	52.54	较好	48.63
2015		375	224	54.22	50.05	46.81	52.23	较好	52.54
2013	海东市平安区	1 000	1	56.70	52.90	51.40	56.00	轻度污染	—
2014		1 000	1	58.20	51.70	47.40	57.40	轻度污染	48.40
2015		1 000	1	60.30	55.10	51.70	58.70	轻度污染	57.40
2013	海西州格尔木市	500	107	58.79	53.79	52.79	55.79	轻度污染	—
2014		500	107	55.95	55.95	55.95	55.95	轻度污染	50.82
2015		500	107	54.98	54.98	54.98	54.98	较好	55.95

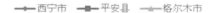

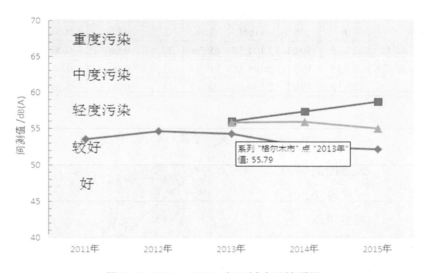

图 8-3　2011—2015 年区域声环境质量

三、城市道路交通噪声

"十二五"期间，西宁市建成区交通声环境质量等级均为较好，声环境质量稳定。

2013 年海东市平安区和海西州格尔木市开始开展交通噪声监测。

2013—2015 年，海东市平安区交通声环境质量依次为重度污染、较好和好。

2013 年以来海西州格尔木市交通声环境质量均为好，声环境质量稳定，详见表 8-6、图 8-4。

表 8-6　城市道路交通环境噪声比较表

监测年度	城市名称	监测总长度 /km	平均路宽 /m	平均路长 /m	平均车流量 /（辆/h）	有效路段数 /个	超 70dB 路长 /km	超 70dB(A) 比率 /%	噪声均值 /dB(A)	质量等级
2011		85.68	17.06	2 448	2 710.40	35	47.45	55.38	69.73	较好
2012		85.68	17.06	2 448	3 378.72	35	41.55	48.49	69.78	较好
2013	西宁市	85.68	17.06	2 448	3 080.18	35	14.56	16.99	69.04	较好
2014		85.68	17.06	2 448	3 123.91	35	49.37	57.62	69.77	较好
2015		85.68	17.22	2 448	1 191.34	35	18.20	21.24	69.25	较好
2013	海东市平安区	3	12	3 000	678	1	3.00	100.00	75.00	重度污染
2014		3	12	3 000	544	1	0.00	0.00	69.50	较好
2015		6	15	3 000	300	2	0.00	0.00	67.50	好
2013	海西州格尔木市	23.15	19.21	2 104.55	88.30	33	0.00	0.00	61.41	好
2014		23.15	19.21	2 104.55	338.49	11	0.00	0.00	66.63	好
2015		23.15	19.21	2 104.55	290.12	11	0.00	0.00	67.03	好

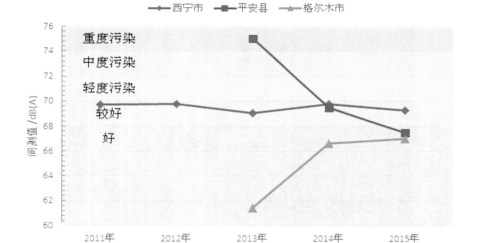

图 8-4　2011—2015 年交通声环境质量

第四节　小结

　　"十二五"期间，仅 2011 年西宁市功能区噪声有超标现象；西宁市及海西州格尔木市区域声环境质量均达到二级标准，海东市平安区声环境质量为三级；西宁市交通声环境达到二级标准，海东市平安区、海西州格尔木市交通声环境均达到一级标准。

　　"十二五"期间，西宁市 4 个类型功能区声环境平均等效声级在 5 年间波动变化幅度较大，年际变化大部分超过 1.0 dB(A)。西宁市交通声环境和区域声环境等效声级 5 年间平均变化基本保持在 1.0 dB(A) 之内，声环境质量变化基本稳定。海东市平安区和海西州格尔木市的交通声环境和区域声环境等效声级 5 年间平均变化大部分超过 1.0 dB(A)，变化幅度较大。

第九章

生态环境

　　"十二五"期间,青海省通过三江源、青海湖等国家重大生态保护工程的生态监测项目及国家重点生态功能区县域生态环境质量考核监测等生态监测工作的实践,开展了生态环境遥感监测的积极实践与探索,在三江源区、青海湖流域、重点生态功能区等区域积累了大量基础数据,在区域生态环境现状及生态保护工程成效监测与评估、重点生态功能区县域生态环境质量考核、生态补偿、生态环境监管等领域已初步发挥积极有效的作用,为政府部门管理与决策提供了有力支撑。

　　青海省生态环境质量监测前期主要以 Landsat5 TM(30 m 分辨率)影像为主数据源,2014 年开始以 Landsat8 OLI(15 m 分辨率)影像为主数据源开展遥感监测工作,与青海省实施的三江源、青海湖流域工程建设生态监测工作布设的840 个专项生态监测站(点)相结合,建立的"天地一体化"生态监测系统,基本实现了地面监测结果与遥感监测结果互相补充、修正与验证。

第一节 2015 年生态环境质量

一、2015 年度土地利用／覆被现状

2015 年度，青海省林地面积共 4.05 万 km^2，占全省土地面积的 5.81%，其中灌木林地面积较大，占林地面积比例达 81.16%；草地面积 41.37 万 km^2，占全省土地面积的 59.40%，其中高覆盖度草地和低覆盖度草地是草地二级分类中主要的覆被类型，占草地面积比例达 81.40%；水域湿地面积 3.21 万 km^2，占全省土地面积的 4.61%，其中湖泊所占水域湿地的比例最大，达 45.15%，其次是河流、滩地，依次占 20.52%、20.09%；建筑用地面积 0.32 万 km^2，占全省土地面积的 0.46%，其中工矿交通及其他建设用地占建筑用地面积的比例最大，为 76.64%；农用地面积 0.95 万 km^2，占全省土地面积的 1.37%；未利用地面积 19.74 万 km^2，占全省土地面积的 28.35%，其中戈壁、裸岩石砾占未利用地的面积较大，依次占未利用地面积的 40.54%、27.39%；草地、未利用地面积约占全省总土地面积的 87.75%，是青海省主要的土地利用／覆被类型，见图 9-1。

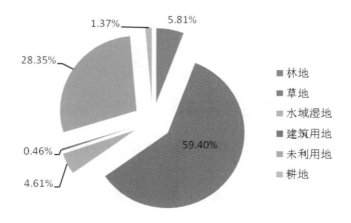

图 9-1　2015 年度青海省土地利用／覆被类型占全省总面积比重

青海省土地利用／覆被空间分布格局为：乔木林地主要分布在祁连山东北部及青南地区的囊谦、班玛、同德等地；草地分布较广，主要集中在本省南部的三江源地区、青海湖流域、祁连山区及柴达木盆地边缘；灌木林地广泛与草地镶嵌分布；未利用地主要分布在西北部自然环境条件较差、人口分布稀少的柴达木盆地，其他区域呈零星分布状态，其中戈壁、沙漠、盐碱地较多分布在柴达木盆地的冷湖、芒崖、大柴旦；耕地集中分布在东部的黄河、湟水河谷地区和柴达木绿洲区详见图 9-2。

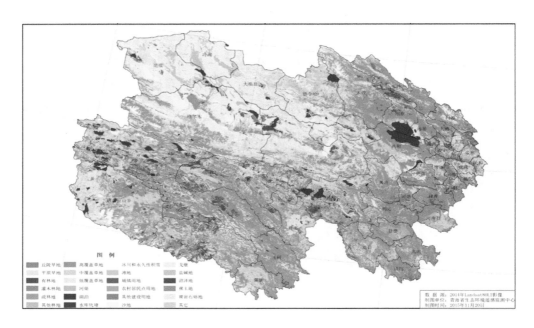

图 9-2　2015 年度青海省土地利用／覆被类型空间格局示意图

二、2015 年度生态环境状况评价

2015 年度青海省生态环境状况指数（EI 值）为 46.92，省域生态环境状况平均等级为一般。

2015 年度青海省县（市）域生态环境状况指数（EI）值为 17.75 ~ 72.21，反映了本省生态系统类型丰富，各地生态环境状况差异性较大。

2015 年度，全省 43 个评价单元（以县级行政区域为单元，西宁市四区为一个评价单元）中，生态环境状况为良的评价单元共 33 个，占全省总面积的 53.48%；生态环境状况为一般的评价单元共 7 个，占全省总面积的 36.36%；生态环境状况为差的评价单元共 3 个，占全省总面积的 10.16%。全省 43 个评价单元生态环境状况以良和一般为主，占全省总面积的 89.84%，详见图 9-3。

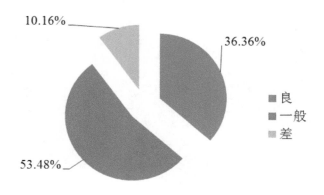

图 9-3　2015 年度青海省 43 个评价单元各生态环境状况级别面积比

2015 年度，青海省 43 个评价单元生态环境状况等级空间分布情况见图 9-4。从空间分布来看，总体上青海省南部生态环境状况好于北部，东部好于西部。南部三江源大部分地区及除平安外的东部区域共 33 个评价单元生态环境状况等级为良，主要是由于青南高原区基本没有工业污染源，植被覆盖整体较好，东部的河湟地区和祁连山区海拔相对较低，自然条件相对较好；中部河流水域分布较少的 7 个县及东部的民和县域生态环境质量状况等级为一般；柴达木盆地的冷湖、茫崖、大柴旦生态环境状况评价等级为差，广泛分布着戈壁、荒漠、盐泽。

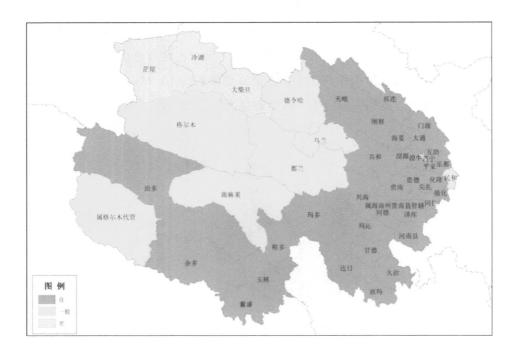

图 9-4 2015 年度青海省 43 个评价单元生态环境状况级别空间分布示意图

第二节 "十二五"生态环境变化趋势

一、土地利用/覆被对比分析

与 2011 年度相比，2015 年度青海省土地利用/覆被变化的主要特征为耕地、未利用地面积略有减少，林地、草地、水域、建筑用地面积有所增加；在 6 种土地利用类型中，未利用地和耕地面积均有所减少，变化率分别减少了 0.64% 和 0.01%，草地、林地、水域和建筑用地面积增加，变化率依次增加了约 0.21%、0.27%、0.02% 和 0.14%。

"十二五"期间，青海省土地利用/覆被类型年际比较见表 9-1、图 9-5。

表 9-1　2011 年度与 2015 年度青海省土地利用 / 覆被类型变化情况表

年份	土地利用 / 覆被类型	林地	草地	水域	耕地	建筑用地	未利用地
2015 年	面积 / km²	40 453.96	13 747.78	32 115.22	9 549.50	3 225.20	197 449.11
2011 年		39 013.30	411 957.00	31 948.30	9 613.90	2 250.40	201 955.89
2015 年较 2011 年变化		1 440.66	1 790.78	166.92	− 64.4	974.8	− 4 506.78
2015 年	百分比 / %	5.81	59.40	4.61	1.37	0.46	28.35
2011 年		5.60	59.13	4.59	1.38	0.32	28.99
2015 年较 2011 年变化		0.21	0.27	0.02	− 0.01	0.14	− 0.64

注：百分比是指该土地利用类型的面积占当年全省土地面积的百分比。

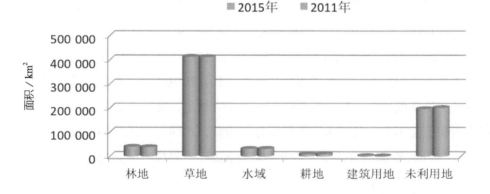

图 9-5　2011 年与 2015 年青海省土地利用 / 覆被类型面积变化示意

二、生态环境状况指数对比分析

"十二五"期间，青海省生态环境状况指数（EI）由 2011 年的 45.76 变化到 2015 年度的 46.92，升高了 1.16，变幅小于 2，属无明显变化；各评价单元生态环境状况指数变化幅度为 -1.47 ～ 1.57，5 年间 43 个评价单元生态环境状况均无明显变化，见图 9-6。

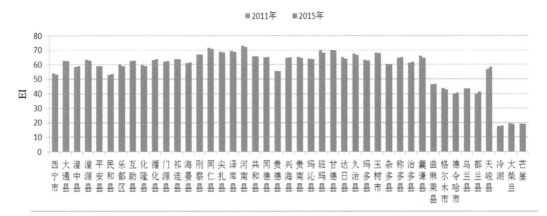

图 9-6　2011 年和 2015 年各县（市）生态环境状况等级图

第三节　小结

　　"十二五"期间，青海省 43 个评价单元生态环境状况指数变化（△EI）为 -1.47 ～ 1.57，生态环境状况保持稳定，无明显变化，见图 9-7。

　　"十二五"期间，青海省实施了退耕还林、退牧还草、天然林保护及三江源区、青海湖流域生态保护与综合治理等生态保护工程，区域草地生态系统退化得到遏制，县域生物丰度指数、植被覆盖指数保持相对稳定；期间全省各县（市）河流与湖库面积变化不大、县域水资源量变化不均衡，水网密度指数变化幅度不大；

　　"十二五"期间，青海省加强了工业企业环保治理、严格执行污染物总量控制度，各县（市）环境质量指数呈变好趋势。

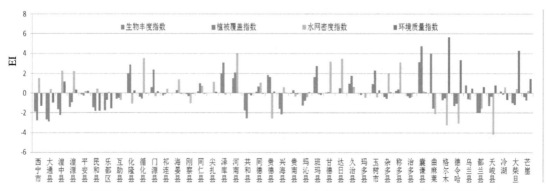

图 9-7　2011 年与 2015 年各县（市）生态环境状况各指数年际变化幅度

第十章

农村环境

第一节 监测概况

一、监测点位布设

2011—2014 年青海省部署开展农村环境质量试点监测工作，共计完成 56 个村庄的监测工作；2015 年完成 22 个村庄的环境质量试点监测工作。"十二五"农村环境质量监测点位详见表 10-1。

表 10-1 青海省"十二五"农村环境质量监测村庄一览

年份	村庄
2011	湟中县甘河村、大通县黄西村、格尔木市园艺场、互助县南门峡村、民和县马聚垣村、贵德县大史家村、尖扎县直岗拉卡村、门源县下疙瘩村和乐都县邓家庄村
2012	湟中县甘河村、大通县黄西村、格尔木市园艺场、互助县南门峡村、民和县马聚垣村、贵德县大史家村、尖扎县直岗拉卡村、门源县下疙瘩村、乐都县邓家庄村、祁连县峨堡村、化隆县上加合村、玛沁县沁源新村
2013	大通县中庄村、湟中县李家山村、乐都区李家村、民和县东垣村、互助县下二村和化隆县西下村、门源县小沙沟村、祁连县拉洞村；尖扎县下李家村、贵德县下罗家村、玛沁县吾麻村、格尔木市城北村

年份	村庄
2014	大通县多隆村、湟中县班仲营村、互助县大庄村、循化县大别列村、格尔木市园艺场、德令哈市东山村、祁连县拉洞村、海晏县同宝村、贵德县下罗家村、共和县后菊花村、同仁县吾屯村、尖扎县直岗拉卡村、玛沁县永宝村、称多县扎麻村、德令哈市富源村、德令哈市西滩村、海晏县海东村、海晏县甘子河村、贵南县加土乎村、贵南县日安秀麻村、贵南县郭仁多村、尖扎县崖湾村、尖扎县措家村
2015	大通县多隆村、湟中县班仲营村、互助县大庄村、循化县大别列村、格尔木市园艺场、德令哈市东山村、祁连县拉洞村、海晏县同宝村、贵德县下罗家村、共和县后菊花村、同仁县吾屯村、尖扎县直岗拉卡村。平安县：瓦窑台村、索家村、古城村、大寨子村、上唐隆台村 5 个村庄；湟源县：尕庄村、申中村、灰条口村、下脖项村、大华村

二、监测指标及频次

环境主要监测内容包括农村环境空气质量、水环境质量和土壤环境质量，其中农村水环境质量含河流地表水和集中式饮用水水源地（地表型和地下型），详见表 10-2。

表 10-2　监测指标及频次一览

要素		监测项目	频次
环境空气		PM_{10}、SO_2、NO_2	
地表水（河流）		水温、pH、溶解氧、高锰酸盐指数、氨氮、石油类、挥发酚、总磷、氟化物、粪大肠菌群、镉、化学需氧量、铜、锌、砷、汞、铅、五日生化需氧量、六价铬、阴离子表面活性剂、氰化物、硫化物、硒、硫酸盐、氯化物、总氮	每季度 1 次
集中式生活饮用水水源地	地表型	水温、pH、溶解氧、高锰酸盐指数、氨氮、石油类、挥发酚、总磷、氟化物、粪大肠菌群、镉、化学需氧量、铜、锌、砷、汞、铅、五日生化需氧量、六价铬、阴离子表面活性剂、氰化物、硫化物、硒、总氮、锰	
	地下型	pH、总硬度、硫酸盐、氯化物、高锰酸盐指数、氨氮、氟化物、锌、挥发酚、铜、总大肠菌群、硒、砷、汞、铅、镉、六价铬、氰化物、锰、硝酸盐氮、亚硝酸盐氮、铁、阴离子合成洗涤剂	
土壤		土壤 pH、阳离子交换量；镉、汞、砷、铅、铬等元素的全量	每 5 年的第 1 年监测 1 次

第二节　2015 年农村环境质量状况

2015 年青海省开展了 22 个村庄的环境空气质量监测。全年环境空气质量达到二级标准 [《环境空气质量标准》（GB 3095—2012）] 的达标率为 84.9%。

环境空气质量全年都达到二级标准的有 9 个县，分别是西宁市湟源县、海东市平安区、循化县、黄南州同仁县、尖扎县、海南州共和县、贵德县、海西州德令哈市、格尔木市园艺场。

22 个村庄集中式饮用水水源地（地表水、地下水）水质监测，全年监测中达到集中式饮用水水源地水质标准要求的达标率为 96.1%。

2015 年在 14 个县内开展 27 条主要河流的水质监测，全年监测中达到《地表水环境质量标准》（GB 3838—2002）Ⅲ 类及以上标准的达标率为 96.2%。其中湟中县县域内河流水质达标率为 62.5%。

2015 年青海省开展了村庄土壤环境质量监测工作，采集居民区、村庄水源地、村庄基本农田、养殖场周边、垃圾场周边 5 类土壤，共 70 个土壤样品。全年监测中达到或优于《土壤环境质量标准》（GB 15618—1996）二级标准的达标率为 92.9%。

第三节　"十二五"农村环境质量状况

一、农村环境空气质量状况

"十二五"期间，青海省农村环境空气质量整体良好。共完成村庄环境空气质量监测 1 070 d，其中质量达到二级以上天数为 916 d，占全部监测天数的 85.6%。

二、河流水质状况

"十二五"期间，青海省共完成村庄河流水质监测 219 期，水质优于《地表水环境质量标准》（GB 3838—2002）Ⅲ类标准的有 202 期，占全部监测期数的 92.2%。河流水质评价结果为Ⅰ类的有 28 期，占全部监测期数的 12.8%；河流水质评价结果为Ⅱ类的有 115 期，占全部监测期数的 52.5%；河流水质评价结果为Ⅲ类的有 59 期，占全部监测期数的 26.9%。

三、集中式饮用水水源地水质变化

"十二五"期间，青海省农村集中式饮用水水源地水质低于《地表水环境质量标准》（GB 3838—2002）或《地下水环境质量标准》(GB/T 14848—1993) Ⅲ类标准的有 32 期次，占全部监测期的 13.3%。村庄饮用水水质评价结果为Ⅳ类的有 17 期，占全部监测期的 7.1%；村庄饮用水水质评价结果为Ⅴ类的有 15 期次，占全部监测期的 6.3%。

2011 年农村集中式饮用水水源地水质达标率总体为 44.4%，2015 年水质达标率为 91.4%。"十二五"期间农村河流水质达标率逐年上升。

第四节　小结

"十二五"期间，青海省农村环境空气质量 2011 年总体达标率为 76.7%，2012 年略有下降，达标率 62.5%，2013 年、2014 年、2015 年均高于 80.0%，分别为 94.2%、93.9%、84.6%。

农村河流水质逐渐改善，Ⅲ类水质达标率逐渐提高。2011 年河流水质达标率为 62.5%，主要超标污染物为氨氮、总磷；2012 年河流水质达标率为 73.7%，主要超标污染物为氨氮、总磷；2013 年河流水质达标率为 88.9%，主要超标污染物为五日生化需氧量、总磷；2014 年河流水质达标率为 100%；2015 年河流水质达标率为 95.4%，主要超标污染物为五日生化需氧量、总磷。

农村集中式饮用水水源地水质逐渐改善，Ⅲ类水质达标率逐渐提高。

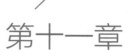

第十一章

土壤环境

第一节　监测概况

一、点位布设

　　"十二五"期间，青海省开展土壤环境质量例行监测工作，土壤监测的土地类型为环境质量敏感区域及周边土壤。青海省每年在全省8个市、州2～3个县内选取具有代表性的相应利用类型的地块进行土壤质量监测，每个地块采集5个样品，每年采集、分析样品总数约为120个。土壤环境质量监测点位详见表11-1。

表11-1　"十二五"土壤环境质量监测点位一览

年份	点位类型	点位数量／个	点位布设方式
2011	重点污染企业周边	80	按照污染物排放特征带状布点
2012	基本农田	120	100 m×100 m 网格布点
2013	蔬菜主产地	120	100 m×100 m 网格布点
2014	集中式饮用水水源地	80	按照一级保护区、二级保护区、取水口 100 m 处布点
2014	省会城市绿地	45	城市划分为 5 个区域，网格化布点
2015	规模化畜禽养殖基地	135	100 m×100 m 网格布点

二、监测项目

土壤环境质量监测项目为理化性质指标 pH、阳离子交换量、有机质；无机污染物指标镉、铬、镍、锌、铜、砷、铅、汞，有机污染物指标苯并芘、有机氯农药六六六、滴滴涕共计 14 项监测指标。

三、标准及评价方法

土壤环境质量评价执行《土壤环境质量标准》（GB 15618—1995）二级标准，土壤环境质量评价标准值见表 11-2。

表 11-2　土壤环境质量评价标准值

序号	评价项目		参考标准值 /（mg/kg）			林地	来源
			耕地、草地、未利用地				
			pH <6.5	pH 6.5 ～ 7.5	pH>7.5		
1	镉		0.30	0.30	0.60	1.0	《土壤环境质量标准》（GB 15618—1995）
2	汞		0.30	0.50	1.0	1.5	
3	砷	旱地	40	30	25	40	
		水田	30	25	20		
4	铅		250	300	350	500	
5	铬	旱地	150	200	250	400	
		水田	250	300	350		
6	铜		50	100	100	400	
7	锌		200	250	300	500	
8	镍		40	50	60	200	
9	苯并 [a] 芘		0.10				

评价方法执行《土壤环境监测技术规范》（HJ/T 166—2004）和环境保护部《全国土壤污染状况评价技术规定》（环发〔2011〕39 号）。

相关计算公式和分级标准如下：

$$土壤单项污染指数 = \frac{土壤污染物实测值}{相应物质标准值} \qquad (11-1)$$

第二节　"十二五"土壤环境质量

一、重点污染源周边土壤环境质量

"十二五"期间，青海省共监测 10 个国控重点污染源周边土壤环境中的重金属含量。土壤环境质量监测结果分析显示，10 个国控重点污染源企业中，土壤综合评价等级为重污染 1 个，中度污染 1 个，轻度污染 2 个，尚清洁 1 个，清洁 5 个。

二、基本农田土壤环境质量

"十二五"期间，120 个基本农田区土壤监测点位覆盖了青海省 8 个州地市、22 县级行政区，代表了各类农业发展方式、各种作物类型下全省基本农田区土壤环境质量现状。

监测结果表明：120 个监测点位中个别重金属超标，基本农田区土壤质量总体良好。

三、蔬菜产地土壤环境质量

"十二五"期间，青海省 23 个村庄（主要蔬菜产地）开展土壤环境质量监测，涉及蔬菜种类 10 余种，主要集中于青海省湟水农业带和柴达木绿洲农业区。根据 2013 年青海省主要蔬菜产地土壤例行监测结果表明，全省 108 个监测点位土壤污染物浓度全部满足《土壤环境质量标准》（GB 15618—1995）二级标准。

四、饮用水水源地和西宁市城市绿地周边土壤环境质量

"十二五"期间，青海省共选择8项重金属污染物和3项有机污染物对水源地土壤环境污染状况进行了监测，监测结果表明：水源地中76.3%点位和城市绿地中100%的点位土壤质量满足《土壤环境质量标准》（GB 15618—1995）二级标准。

青海省城市绿地土壤环境质量状况较好，监测的8项重金属和3项有机物中均未发现元素超标情况存在。

五、畜禽养殖场周边土壤环境质量

"十二五"期间，青海省监测规模化畜禽养殖场周边土壤135个样品，95.6%的点位土壤满足《土壤环境质量标准》（GB 15618—1995）二级标准，共有6个点位土壤未达到二级标准，占比为4.4%。

第三节　小结

"十二五"期间，青海省土壤质量监测工作共计535个样品分析测试工作。5类土地利用类型中除蔬菜基地土壤环境质量未发现超标外，重污染企业周边、基本农田、水源地、畜禽养殖场周边土壤均有小比例超标。

第十二章

辐射环境

第一节 监测概况

"十二五"期间，根据历年青海省辐射环境监测方案，全省开展了辐射环境质量、电磁环境、青海省城市放射性废物库和核与辐射监管设施周围监督性监测工作，全面掌握全省辐射环境质量、填埋坑周围辐射环境质量和变化趋势以及监督性监测核技术利用单位放射性污染物的排放情况。

截至 2015 年年底，全省正常在用放射源共 599 枚，其中 I 类 2 枚，Ⅱ类 55 枚，Ⅲ类 17 枚，Ⅳ类 277 枚，Ⅴ类 247 枚，详见图 12-1。2 枚 I 类放射源分别被青海大学附属医院和中国人民解放军第四医院用于放射治疗。青海省城市放射性废物库依法收贮（暂存）放射源 178 枚，其中Ⅳ类 75 枚，Ⅴ类 103 枚。

全省正常在用的射线装置共计 808 台套，其中Ⅱ类射线装置 96 台套，Ⅲ类射线装置 712 台套。Ⅱ类射线装置全部集中在西宁市、海西州和海南州。

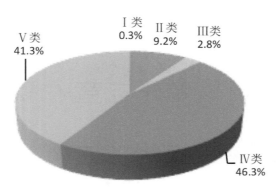

图 12-1　2015 年青海省在用放射源情况

目前，全省共有变电站 158 座，其中 110kV 变电站 119 座，330kV 变电站 33 座，750kV 变电站 4 座，750kV 开关站 2 座，详见图 12-2；全省共有移动通信基站共 25 106 座，其中移动基站 14 034 座，联通基站 8 729 座，电信公司基站 2 343 座。

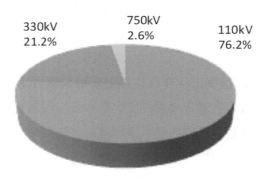

图 12-2　2015 年青海省在用变电站情况

一、辐射环境质量监测概况

辐射包括电离辐射和电磁辐射。开展的电离辐射环境监测包括空气吸收剂量率及空气、水体、生物和土壤等环境介质中放射性核素活度浓度监测。开展的电磁辐射监测为电磁辐射环境水平监测，主要有综合场强、工频电场强度和工频磁感应强度等。截至 2015 年年底，青海省共有辐射环境自动监测站（以下简称"自动站"）5 座，分别是西宁市共和路站、西宁市南山路站、瓦里关站、格尔木昆仑路站和玉树通天河站，自动站全部运行正常。

（一）空气吸收剂量率

青海省 5 个自动站都配备了高气压电离室，可连续监测环境空气吸收剂量率。全省共设置 27 个陆地瞬时 γ 辐射监测网点，覆盖了全省 8 个市州，其中西宁市共布设 18 个监测点位，其余市州各布设 1 个监测点位。8 个市州共布设 9 个陆地累积 γ 剂量监测网点，其中海西州 2 个，其余市州各 1 个。

（二）空气

5 座自动站均开展了空气中气溶胶监测，其中：西宁市南山路站开展气溶胶样品中 γ 核素分析 [包括 ^{7}Be、^{238}U(^{234}Th)、^{232}Th（^{228}Ac）、^{226}Ra、^{228}Ra、^{40}K、^{134}Cs、^{137}Cs、^{131}I、^{210}Po、^{210}Pb] 等放射性核素，监测频次为 1 次 / 月，其余 4 座自动站开展气溶胶样品中 γ 核素分析 [包括 ^{7}Be、^{238}U(^{234}Th)、^{232}Th（^{228}Ac）、^{226}Ra、^{228}Ra、^{40}K、^{134}Cs、^{137}Cs 等放射性核素] 活度浓度监测，监测频次为 1 次 / 月。

西宁市南山路站开展了气态放射性碘同位素（以下简称"气碘"）（包括 ^{131}I、^{125}I）活度浓度监测。空气中气碘的监测主要通过西宁市南山路站配备的气碘采样仪进行采样，用纤维滤膜收集空气中微粒碘，用活性炭滤盒收集空气中无机碘和有机碘，连续采样，采样频次为 1 次 / 月。

西宁市南山路站开展了沉降物监测 γ 核素分析 [包括 ^{7}Be、^{238}U(^{234}Th)、^{232}Th（^{228}Ac）、^{226}Ra、^{228}Ra、^{40}K、^{134}Cs、^{137}Cs 等放射性核素]。空气中沉降物的监测，主要通过西宁市南山路站配备的干湿沉降仪，可通过智能感雨器识别降雨状态，自动收集干沉降和湿沉降样品。

西宁市南山路站开展了降水中氚监测，空气中降水的监测，采用雨量传感器收集样品，每季度连续采样，取样后进行实验室分析。

（三）水体

青海省在长江、黄河、澜沧江、湟水河、鱼水河和青海湖共布设 11 个辐射监测断面，西宁市集中式饮用水水源地和各市州级集中式生活饮用水水源地各布设 1 个监测点。

地表水和饮用水水源地水辐射监测项目为总 α、总 β、钾 -40、锶 -90、铯 -137、镭 -226、钍、铀浓度，监测频次为每半年 1 次。地下水辐射监测项目为总 α、总 β、钾 -40、镭 -226、钍、铀浓度，监测频次为 1 次 /a。各市州级集中式生活饮用水水源地水辐射监测项目为总 α、总 β，监测频次为每半年 1 次。

（四）土壤

青海省共设置 9 个土壤辐射环境监测点，覆盖了全省 8 个市州，其中海西州 2 个，其余市州各 1 个监测点。

土壤监测点辐射监测项目为钾 -40、锶 -90、铯 -137、镭 -226、钍 -232 和铀 -238 活度浓度，监测频次为 1 次 /a。

（五）环境电磁辐射

青海省共布设 21 个电磁辐射监测点。其中，20 个为环境电磁辐射测量点，分布于全省各市州。1 个为电磁辐射设施监测点，位于西宁市泮子山，监测综合电场强度，监测频次为每半年 1 次。

（六）电磁辐射设施

每年在西宁市泮子山电视发射台布设 1 个电磁辐射设施监测点，测量综合电场强度，监测频次为每半年 1 次。

2015 年青海省辐射环境质量监测项目及频次见表 12-1。

表 12-1　2015 年青海省辐射环境质量监测方案

监测对象		监测项目	点位	监测（采样）频次
空气吸收剂量率		连续空气吸收剂量率	5	连续
		瞬时 γ 辐射空气吸收剂量率	27	每半年 1 次
		累积剂量	9	每季 1 次
空气	气溶胶	γ 能谱分析[①]、^{210}Po[②]、^{90}Sr	5	每月 1 次
	气碘[③]	125I、131I	1	每月 1 次
	沉降物[③]	γ 能谱分析[①]、^{90}Sr	1	累积样 / 季
	降水[③]	3H	1	每季 1 次

	监测对象	监测项目	点位	监测（采样）频次
水	江河（湖库）水	总 α 、总 β、U、Th、^{226}Ra、^{90}Sr、^{137}Cs	9	每半年 1 次（枯、平水期各 1 次）
	饮用水水源地水	总 α 、总 β、U、Th、^{226}Ra、^{90}Sr、^{137}Cs	1	每半年 1 次
	市州级集中式生活饮用水	总 α 、总 β	7	每半年 1 次
	地下水	总 α 、总 β、U、Th、^{226}Ra、	1	1 次 /a
土　壤		γ 能谱分析[①]	9	1 次 /a
环境电磁		综合电场强度	21	1 次 /a
电磁辐射设施		综合电场强度	1	1 次 /a

注：①气溶胶和沉降物 γ 能谱分析包括：^{7}Be、^{40}K、^{131}I、^{134}Cs、^{137}Cs 等核素；土壤 γ 能谱分析包括 ^{238}U、^{232}Th、^{226}Ra、^{40}K、^{137}Cs 等核素。②气溶胶中 ^{210}Po、^{210}Pb 的监测仅在西宁市南山路站开展；③气碘、沉降物、降水仅在西宁市南山路站开展。

二、监督性监测概况

依据青海省核与辐射安全监管需要，每年开展青海省城市放射性废物库、全省重点辐射污染源监督性监测。每年做到对 I 类放射源使用单位监督性监测，随机选择其他放射源使用单位进行监督性监测。每年在 110kV、330kV 和 750kV 变电站中选择部分变电站和线路进行监督性监测，确保电磁环境状况良好。

第二节　辐射环境状况

一、空气吸收剂量率

（一）连续 γ 辐射空气吸收剂量率

2015 年青海省辐射环境自动监测站测得的连续 γ 辐射空气吸收剂量率与2014 年结果相比，无明显变化。

全省 5 个自动站均未监测到连续 γ 辐射空气吸收剂量率异常升高（玉树通天河站于 2015 年开始正常运行）。自动监测站年均统计值范围为102.5 ~ 180.8 Gy/h，平均值为 139.3 Gy/h，与 2014 年 4 个辐射环境自动监测站的监测结果年均值范围为 96.4 ～ 206.8 Gy/h、平均值为 133.5 Gy/h 相比，为环境正常水平。详见图 12-3。

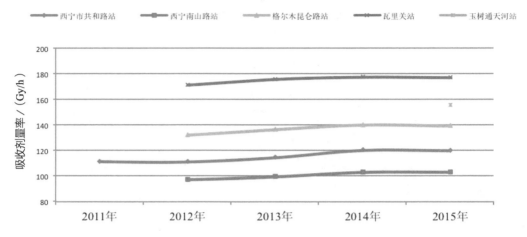

图 12-3　2011—2015 年青海省辐射环境自动监测站 γ 空气吸收剂量率变化示意

（二）瞬时 γ 辐射空气吸收剂量率

除辐射环境自动监测站的连续监测外，青海省辐射环境监测网还在全省各州市开展环境地表 γ 辐射剂量率（已扣除宇宙射线响应值，下同）监测。2015 年全省瞬时 γ 辐射剂量率测值范围为 31.5 ～ 81.2 Gy/h，均值为 66.1 Gy/h。与历年相比，未见明显变化，均在当地的天然本底水平涨落范围内，详见图 12-4。

图 12-4　2011—2015 年青海省瞬时 γ 辐射空气吸收剂量率变化

（三）西宁市瞬时 γ 辐射剂量率

西宁市共布设 18 个辐射环境监测点位，分别位于城东、城西、城中和城北 4 个区内，2015 年全省陆地辐射监测点环境地表 γ 辐射剂量率监测结果见表 12-5。环境地表 γ 辐射剂量率年际间比较见图 12-4。

2015 年西宁市环境地表 γ 辐射剂量率测值范围为 29.4 ～ 68.0 Gy/h，均值为 52.6 Gy/h，与历年相比，未见明显变化，均在当地的天然本底水平范围内。

（四）累积剂量测得的 γ 辐射空气吸收剂量率

青海省辐射环境监测网在各市州开展 γ 累积剂量监测。2015 年全省陆地辐射监测点 γ 累积测值范围为 71.8 ～ 90.5 Gy/h，均值为 82.0 Gy/h。与历年相比，未见明显变化，均在当地的天然本底水平范围内。2015 年，全省 9 个陆地辐射监测点 γ 累积剂量测得的空气吸收剂量率（未扣除宇宙射线响应值）年际间比较见图 12-5。

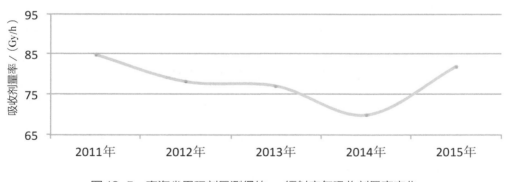

图 12-5　青海省累积剂量测得的 γ 辐射空气吸收剂量率变化

二、水体

2015 年，长江、黄河、澜沧江、湟水河、渔水河及青海湖共 11 个地表水监测断面、黑泉水库水源地饮用水监测断面、西宁市五水厂地下水、各市（州）级集中式生活饮用水监测断面辐射监测结果表明：各水体断面中总 α 和总 β 活度浓度与历年相比无明显变化，为正常环境水平。铀、钍、镭 -226、钾 -40 活度浓度与历年相比无明显变化，且与1983—1990年全国环境天然放射性水平调查结果处于同一水平。人工放射性核素锶-90和铯-137活度浓度与历年相比无明显变化。西宁五水厂断面、黑泉水库断面中总 α 和总 β 均低于《生活饮用水卫生标准》（GB 5749—2006）中总 α 放射性≤ 0.5 Bq/L、总 β 放射性≤ 1.0 Bq/L的标准限值内。

2011—2015年各水体放射性核素活度浓度变化趋势见图12-6 ~ 图12-12。

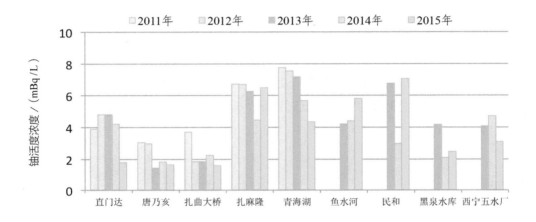

图12-6　主要江河水铀活度浓度

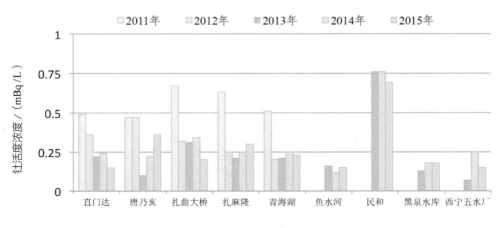

图12-7　主要江河水钍活度浓度

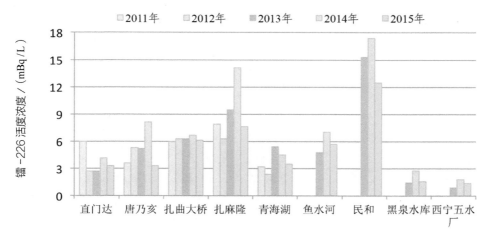

图 12-8　主要江水镭 -226 活度浓度

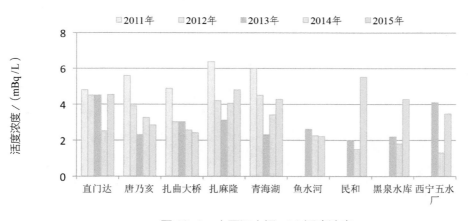

图 12-9　主要江水锶 -90 活度浓度

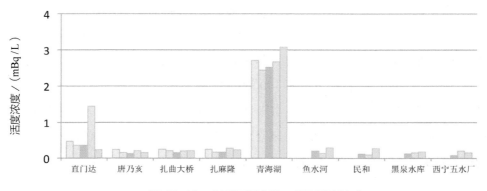

图 12-10　主要江河水铯 -137 活度浓度

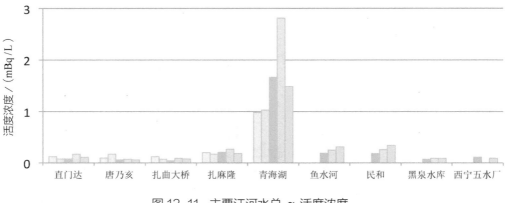

图 12-11　主要江河水总 α 活度浓度

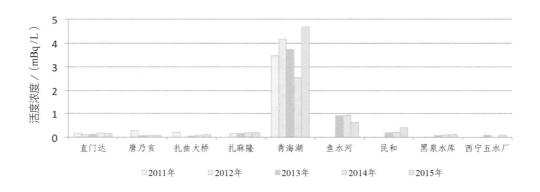

图 12-12　主要江河水总 β 活度浓

三、土壤

2015 年，西宁市城南新区、海东市西海南园、海西州克鲁克湖路、格尔木市大格勒乡、海北州金银滩、海南州一塔拉滩、玉树州文成公主庙、果洛州花石峡、黄南州吾屯寺土壤环境辐射监测果表明：9 个土壤监测点中天然放射性核素铀 -238、钍 -232、镭 -226 和钾 -40 活度浓度与历年相比无明显变化，且与 1983—1990 年全国环境天然放射性水平调查结果处于同一水平；人工放射性核素铯 -137 活度浓度与历年相比无明显变化，2011—2015 年土壤放射性核素比活度变化趋势见图 12-13 ～图 12-17。

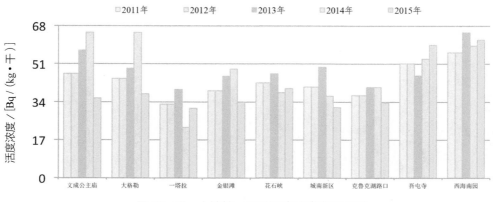

图 12-13　土壤铀 -238 活度浓度变化示意

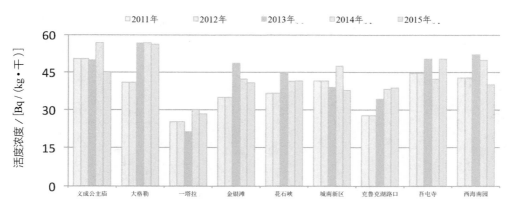

图 12-14　土壤钍 -232 活度浓度变化示意

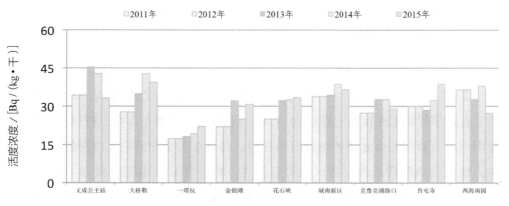

图 12-15　土壤镭 -226 活度浓度变化示意

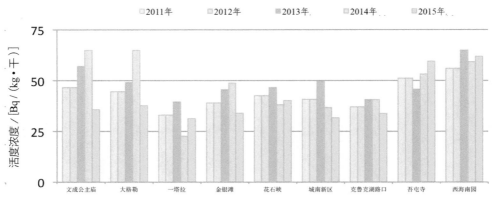

图 12-16 土壤钾 -40 活度浓度变化示意

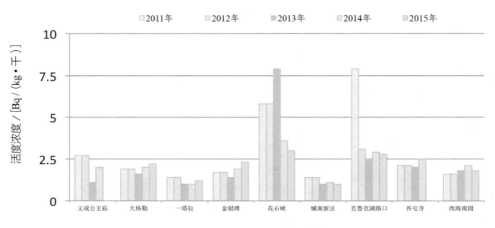

图 12-17 土壤钾 -40 活度浓度变化示意

四、电磁辐射

（一）环境电磁辐射

2013 年以前青海省环境电磁监测点位于西宁市国际村居民区。2013 年开始，青海省逐年增加电磁监测点位，2015 年达到 20 个，分别布设在玉树州、果洛州、海南州、海西州及海北州各州政府所在地，并且在西宁和海东人口密集区增设点位，使电磁点位覆盖西宁各区和海东各县。2015 年环境电磁辐射水平监测点综合场强与历年相比，未见明显变化。全省监测点监测值范围为 0.39 ~ 2.67 V/m平均值为 1.12 V/m，远低于《电磁环境控制限值》（GB 8702—88）中有关公众照射参考导出限值 12 V/m，电磁环境质量状况良好。

（二）电磁辐射设施

西宁市泮子山电视发射台布设 1 个电磁辐射设施监测点，2015 年监测值范围为 5.51 ~ 8.70 V/m，平均值为 6.53 V/m，远低于《电磁环境控制限值》（GB 8702—88）中有关公众照射参考导出限值 40 V/m，电磁环境质量状况良好。2011—2015 年电磁辐射水平变化趋势见图 12-18。

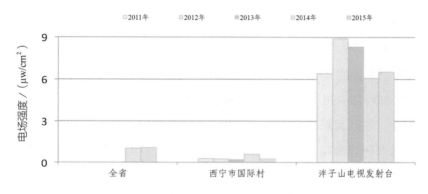

图 12-18　环境和电磁辐射设施周围综合电场强度

五、空气

（一）气溶胶

2015 年，青海省分别在西宁共和路站、西宁南山路站、格尔木昆仑路站和瓦里关站开展了气溶胶中放射性核素监测工作，监测核素分别为 ^{7}Be、^{238}U（^{234}Th）、^{232}Th（^{228}Ac）、^{226}Ra、^{228}Ra、^{40}K、^{137}Cs、^{134}Cs、^{131}I，并且在西宁市南山路站开展了 ^{210}Po、^{210}Pb 的监测分析工作。

气溶胶中各 γ 核素均未检出，^{210}Po、^{210}Pb 的分别为 1.41 mBq/m^3 和 0.25 mBq/m^3。

（二）沉降物

自 2013 年开始，西宁市南山路站开展了沉降物中放射性核素监测工作，监测核素分别为 ^{7}Be、^{238}U、^{234}Th、^{226}Ra、^{228}Ra、^{40}K、^{134}Cs、^{137}Cs、^{131}I，2013—2015 年监测结果表明各辐射环境自动监测站各核素均未检出。

（三）空气氚化水

2015 年，西宁市南山路站开展了降水中氚化水监测，监测结果为 2.55 Bq/L，与历年测值相比无明显变化。

六、原国营二二一厂放射性污染物填埋坑辐射环境

（一）监测概况

青海省原国营二二一厂是 20 世纪 60 年代初国家建设的核武研制基地，为我国第一颗原子弹的诞生和第一颗氢弹的研制成功做出了历史性贡献。该厂位于青海省海北藏族自治州海晏县境内的金银滩上，占地面积 570 km²，厂址距省会西宁市 103 km，距西海镇城区 7 km，南面距流经西海镇的湟水和上游支流塔湾休玛河 250 m，西面距青海湖 30 km，该地区人口稀少，多为牧民，建厂时已经外迁。

1987 年，国家决定撤销二二一厂，将运行中积累的和核设施退役中清除的微污染物进行填埋，填埋坑位于六厂区内距总厂西北约 10 km 处，主要填埋经轻微污染的沙土及少量砖石与沥青路面。填埋坑设有明碑和暗碑两种标志，其关键核素为贫化铀和镭 -226、铯 -137，其他重要核素还有钴 -60、锶 -90、钚 -239 等，关键转移途径为地表水、地下水。

目前，在填埋坑周围共布设 84 个监测点，分别是：35 个环境地表 γ 辐射剂量率监测点、12 个地下水监测点、11 个地表水监测点、6 个 γ 累积剂量监测点、6 个土壤监测点、6 个牧草监测点、3 个牛奶监测点、3 个牛肉监测点、3 个羊肉监测点。原国营二二一厂放射性污染物填埋坑周围辐射环境监督性监测方案见表 12-2。

表 12-2　"十二五"期间二二一厂放射性填埋坑周围环境监督性监测方案

监测对象	监测项目	监测点位或点数	监测频次
环境 γ 辐射	瞬时 γ 辐射空气吸收剂量率	填埋坑体及周边 35 个	每半年 1 次
		填埋坑体及周边 5 个	每半年 1 次
	γ 累计剂量	海北金银滩（对照点）	每半年 1 次
地下水	总 α、总 β、U	填埋坑周围 7 口井 各布设上、中、下 3 个井深监测点位	每季 1 次

监测对象	监测项目	监测点位或点数	监测频次
泉水	总 α 、总 β 、U	填埋坑地下水下游 4.5 km 处布设 5 个点位	每半年 1 次
地表水	总 α 、总 β 、U	在填埋坑径流的 湟水河不同河段布设 11 个点位	每半年 1 次
土壤	总 α 、总 β 、U	在填埋坑周围布设土壤 6 个点位	1 次 /a
牧草	总 α 、总 β 、U	同土壤	1 次 /a
牛奶	总 α 、总 β 、U	填埋坑周边扎西、东智布、麻拉 3 个采样点	1 次 /a
牛肉	总 α 、总 β 、U		1 次 /a
羊肉	总 α 、总 β 、U		1 次 /a

（二）监测结果

"十二五"期间，填埋坑周围辐射环境监测结果详见图 12-19 ～ 图 12-23。由图可见，填埋坑周围环境瞬时和累积剂量测得的 γ 辐射空气吸收剂量率与运行前本底值或对照点监测值处在同一水平；填埋坑南 250 m 处湟水河支流塔湾休玛河的 11 个监测断面、填埋坑周边 7 口观测井、填埋坑地下水下游 4.5 km 处 5 个泉水监测点水中总 α 、总 β 以及铀活度浓度未监测到异常升高；土壤和生物样品中总 α 、总 β 以及铀活度浓度为当地环境水平，填埋坑周围辐射环境质量无明显变化。

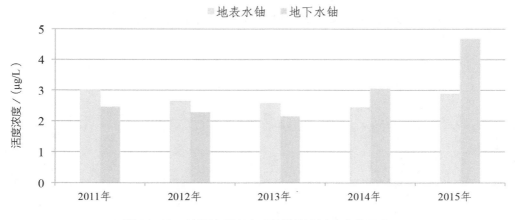

图 12-19　填埋坑周围水环境铀活度浓度变化示意

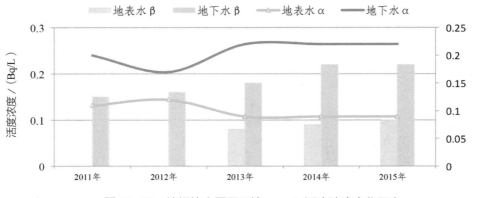

图 12-20　填埋坑水周围环境 α、β 活度浓度变化示意

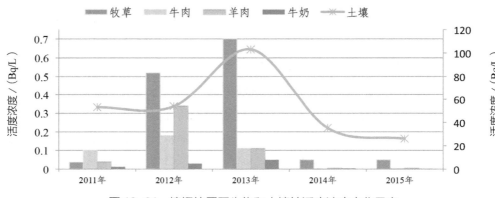

图 12-21　填埋坑周围生物和土壤铀活度浓度变化示意

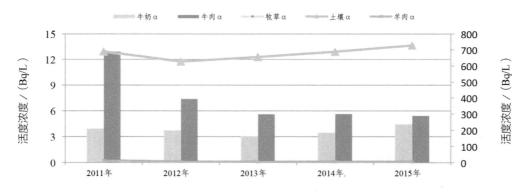

图 12-22　填埋坑周围环境生物和土壤 α 活度浓度变化示意

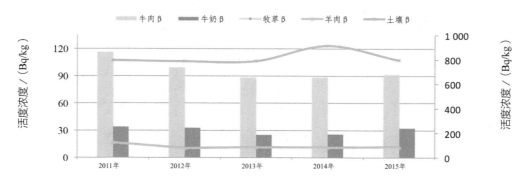

图 12-23 填埋坑周围环境生物和土壤 β 活度浓度变化示意

七、监督性监测

2015 年，为保证青海省核与辐射安全，青海省进一步加强了放射性同位素与射线装置的辐射安全管理，开展了青海省城市放射性废物库和西宁市环境地表 γ 辐射剂量率监测。对全省所有在用变电站和随机选取部分变电站进行变电站周围和周围输变电线路进行电磁环境辐射水平监测。监测结果见表 12-3 ~ 表 12-5。

表 12-3 放射性废物库区周围 γ 辐射空气吸收剂量率监测结果统计

监测年份	频次	点位数 / 个	测值范围 /（Gy/h）	平均值 /（Gy/h）
2015	2	47	56.2 ～ 550.0	123.5
2014	2	47	50.8 ～ 255.0	95.8

表 12-4 西宁市辐射环境 γ 辐射空气吸收剂量率监测结果统计

监测年份	频次	点位数 / 个	测值范围 /（Gy/h）	平均值 /（Gy/h）
1983—1990 年西宁市区环境地表 γ 辐射空气吸收剂量率			45.1 ～ 94.2	64.0
2014	2	18	46.6 ～ 97.3	70.9
2015	2	18	52.3 ～ 99.8	79.5

表 12-5　2015 年青海省高压输变电工程周围环境敏感点电磁辐射水平

设施类型	被测设施源个数	总公里数 /km	监测项目	测值范围	公众照射导出限值
110kV 输电线	15	1 050	工频电场 /（kV/m）	0.009 ～ 0.933	4 kV/m
			磁感应强度 /μT	0.011 ～ 1.921	10 021
110kV 变电站	15	—	工频电场 /（kV/m）	0.030 ～ 1.566	4 kV/m
			磁感应强度 /μT	0.009 ～ 0.156	10 056
330kV 输电线	5	2 721	工频电场 /（kV/m）	0.019 ～ 1.933	4 kV/m
			磁感应强度 /μT	0.065 ～ 3.642	10 042
330kV 变电站	5	—	工频电场 /（kV/m）	0.023 ～ 1.856	4 kV/m
			磁感应强度 /μT	0.011 ～ 1.542	10 042
750kV 输电线	6	2 126	工频电场 /（kV/m）	0.023 ～ 3.241	4 kV/m
			磁感应强度 /μT	0.010 ～ 2.250	10 050
750kV 变电站	6	—	工频电场 /（kV/m）	0.010 ～ 2.984	4 kV/m
			磁感应强度 /μT	0.011 ～ 2.040	10 040

第三节　小结

　　"十二五"期间，青海省辐射环境质量总体良好。全省 5 座在用辐射环境自动监测站的空气吸收剂量率均在当地天然本底水平涨落范围内。全省环境地表 γ 辐射剂量率（已扣除宇宙射线响应值）和累积剂量测得的空气吸收剂量率量（未扣除宇宙射线响应值）与历年相比，无明显变化。长江、黄河、澜沧江、湟水河、青海湖等点位地表水体放射性核素活度浓度与历年相比无明显变化，天然放射性核素活度浓度与 1983—1990 年全国天然放射性水平调查结果处于同一水平。各市州级集中式生活饮用水、西宁市五水厂及黑泉水库中总 α 和总 β 活度浓度均低于《生活饮用水卫生标准》中规定的放射性指标指导值。全省土壤中放射性核素活度浓度与历年相比无明显变化，其中天然放射性核素活度浓度与 1983—1990 年全国天然放射性水平调查结果处于同一水平。全省环境电磁质量状况良好，各监测点位综合场强均低于《电磁辐射防护规定》中有关公众照射参考导出限值。西宁市泮子山电视发射塔周围电磁辐射水平无明显变化。

第四篇

总结篇

第十三章

总结和建议

第一节　环境质量结论

一、环境质量主要结论

（一）生态环境质量

青海省以县域为基本评价单元，综合遥感监测数据和环境、水文等统计数据，对全省生态环境质量进行评价。结果显示：2015年青海省43个县域生态环境状况以良和一般为主；"十二五"期间，全省43个县域生态环境状况均无明显变化，总体保持稳定。

（二）环境空气质量

"十二五"期间，全省城镇空气中二氧化硫年均浓度达到国家二级环境质量标准的城镇比例为75%～100%，年均浓度呈逐步下降趋势。二氧化氮年均浓度达到国家二级标准的城镇比例为87.5%～100%，仅2013年出现超标城镇。受地理环境及气候因素的影响，可吸入颗粒物年均浓度超标城镇较多，"十二五"期间，可吸入颗粒物浓度呈下降趋势，城镇环境空气中可吸入颗粒物仍为首要污染物。

（三）地表水环境质量

"十二五"期间，青海境内长江、黄河、大通河、黑河干流水质持续为优，格尔木河监测断面均达到良好及以上水质。湟水河整体水质基本保持为轻度、中度污染。

"十二五"期间，全省集中式地表水源地水质保持稳定，达标率均为100%，地表水源地水质主要监测指标浓度均保持在Ⅱ类标准之内，水质为优的水源地占比保持100%。集中式地下水源地主要监测指标年均浓度值基本稳定。

（四）地下水环境质量

"十二五"期间，青海省地下水质量总体良好，地下水中各化学组分含量趋于稳定，基本未出现不良环境水文地质问题。湟水流域西川、北川、南川、西纳川、平安白沈家沟监测区和格尔木河冲洪积扇监测区地下水基本未受到污染。

（五）声环境质量

"十二五"期间，西宁市建成区区域声环境质量基本稳定在较好等级；"十二五"中期海东市平安区和海西州格尔木市分别开展了区域声环境监测，平安区区域声环境质量持续为轻度污染等级，格尔木市区域声环境质量由轻度污染上升到较好等级。

"十二五"期间，仅西宁市开展功能区声环境监测，其功能区声环境昼间达标率呈波动变化，一类功能区昼间噪声在"十二五"末达标率也仅为25%；二类功能区达标率在75%以上；三类功能区达标率总体得到改善，末期达标率达到100%；四类功能区达标率较低，"十二五"末也仅为12.5%。夜间达标率相对稳定，一类功能区5年中夜间噪声达标率均未达到100%，在25%～75%间变动；二类功能区除2013年达标率为75%外，其余年度达标率均为50%；三类功能区年达标率均达到了100%；四类功能区5年均未达标。

"十二五"期间，西宁市建成区道路交通声环境质量稳定在较好等级；"十二五"中期海东市平安区和海西州格尔木市分别开展了道路交通声环境监测，平安区道路声环境质量从重度污染持续改善至好，格尔木市交通声环境质量稳定为好。

（六）土壤环境质量

"十二五"期间，对全省重污染企业周边、基本农田、水源地、畜禽养殖场、蔬菜基地 5 种土地利用类型进行土壤质量监测，土壤质量总体良好。

（七）辐射环境质量

"十二五"期间，全省辐射环境质量总体良好。全省空气吸收剂量率均在当地天然本底水平涨落范围内。全省环境地表 γ 辐射剂量率（已扣除宇宙射线响应值）和累积剂量测得的空气吸收剂量率量（未扣除宇宙射线响应值）与历年相比，无明显变化。

长江、黄河、澜沧江、湟水河、青海湖放射性核素活度浓度于历年相比无明显变化，天然放射性核素活度浓度与 1983—1990 年全国天然放射性水平调查结果处于同一水平。主要城市饮用水厂及水库总 α 和总 β 活度浓度均低于《生活饮用水卫生标准》中规定的放射性指标指导值。

全省土壤中放射性核素活度浓度与历年相比无明显变化，其中天然放射性核素活度浓度与 1983—1990 年全国天然放射性水平调查结果处于同一水平。

主要城镇环境电磁质量状况良好，各监测点位综合场强均低于《电磁辐射防护规定》中有关公众照射参考导出限值。

二、环境质量变化原因分析

（一）大气环境质量有所改善

青海省全面贯彻落实国务院《大气污染防治行动计划》，进一步做好以西宁为重点的东部城市群大气污染防治工作，使区域环境空气质量得到一定的改善，以实施大气污染治理项目为抓手，建立西宁—海东区域大气污染联防联控工作机制，推行大气污染防治城市网格化管理模式，突出颗粒物治理，全面加强城镇扬尘、机动车尾气和煤烟型污染治理，严格控制二氧化硫、氮氧化物和烟粉尘排放量，推进工业污染源的深度治理。优化工业布局，加快调整产业及能源结构，持之以恒推进生态环境建设，通过实施点源、线源、面源综合控制、多污染物协同减排，源头治理和生态增容结合，有效降低污染物排放强度，尽快促进环境空气质量明显好转。

（二）水环境质量总体稳定

"十二五"期间，青海省省委、省政府高度重视水、重金属污染防治理工作，采取综合措施，推进环境质量改善。在水污染防治方面，坚持问题导向，结合制约经济社会发展和民生改善中存在的突出环境问题，提出由单一污染源治理向流域综合治理转变的思路，首次编制并由青海省政府印发《湟水河水环境综合治理规划（2011—2015 年）》，强化集中攻坚的顶层设计和指导。坚持政策导向，针对国家水污染防治新形势新任务，结合湟水河污染治理的阶段性特征，青海省人大审议颁布了新修订的《青海省湟水河水污染防治条例》，禁止流域内新建水电站和造纸、鞣革等项目，规定沿湟污水处理厂出水执行一级 A 标准，废水排放企业执行行业或综合排放一级标准。青海省政府出台了《关于进一步深化湟水河水污染治理的实施意见》，为推进流域治理提供了法制保障和政策保障。坚持任务导向，以水污染治理为重点，推进集污染治理、生态建设、防洪泄洪、景观休闲于一体的综合治理工程，综合运用水污染治理（治）、污水资源化（用）、水生态保护与恢复（保）、引水调水（调）和水环境监管（管）多种手段，努力实现湟水河水环境质量的转变。

三、环境质量预测

在"十二五"取得成绩的基础上，青海省力争到 2020 年，西宁市、海东市等重点区域空气质量有所提高，长江、黄河、澜沧江水质保持稳定，湟水流域水环境质量继续改善，土壤和辐射环境质量保持良好，主要污染物排放总量得到有效控制，环境风险得到有效管控。

（一）环境质量目标

1. 生态环境

全省生态环境质量状况总体稳定并趋于向好，生态保护红线面积不减少。

2. 水环境

长江、黄河、澜沧江、黑河出境断面水质保持在 Ⅱ 类及以上；柴达木、青海湖等内陆河及重要湖库控制断面水质稳定保持在 Ⅲ 类以上；湟水流域消除劣 Ⅴ 类水体，出境控制断面水质稳定达到 Ⅳ 类以上，力争 Ⅲ 类水质比例达到 50%。地级城市集中式饮用水水源水质达到或优于Ⅲ类的比例达到 100%，县级以上城镇集中式饮用水水源水质达到或优于Ⅲ类的比例达到 95% 以上。

3. 大气环境

全省空气质量优良天数达到 85% 以上。细颗粒物（$PM_{2.5}$）浓度未达标的西宁市、海东市、海西州（含格尔木市）、海南州、海北州、黄南州、果洛州平均下降 12%。玉树州环境空气质量保持 2015 年水平。

4. 土壤环境

全省土壤环境质量保持稳定，农用地和建设用地土壤环境安全得到有效保障，土壤环境风险管控有力。到 2020 年，耕地土壤环境质量达标率达到 90% 以上。

5. 辐射环境

辐射安全风险进一步降低，辐射环境质量保持在天然本底涨落范围内。

（二）总量控制目标

主要污染物排放总量得到有效控制，化学需氧量、氨氮、二氧化硫、氮氧化物等主要污染物排放总量控制在确定指标以内。

（三）环境基本公共服务体系建设目标

县级以上城镇、重点建制镇配套建成污水处理设施、垃圾无害化处理设施，并稳定运行；农村环境综合整治实现全覆盖，农村集中式饮用水水源地规范化建设水平得到提高，建立较为完善的农村环保基础设施运行管理体系。

（四）环境风险管控目标

基本建成覆盖全省的环境监测评估与预报预警网络、环境监管网络、环境应急响应和环境信息网络，形成全过程环境风险防范制度和管理体系，重大环境风险及历史遗留隐患得到有效管控，突发环境事件趋增态势得到有效遏制。青海省环境保护"十三五"主要指标见表 13-1。

表 13-1   青海省环境保护"十三五"主要指标

规划指标		2015 年	2020 年	指标属性
环境质量				
（1）水环境质量	全省地表水国控断面水质达到或好于Ⅲ类比例／%	80	>85	约束性
	湟水流域劣Ⅴ类水质比例／%	31.6	0	约束性
	湟水流域出境控制断面水质达到Ⅲ类以上比例／%	41.7	≥50	约束性
	长江、黄河、澜沧江干流及黑河出境断面水质	Ⅱ类	Ⅱ类及以上	约束性
（2）大气环境质量	主要城市空气质量优良天数比例／%	80.1	≥85	约束性
	细颗粒物浓度未达标的主要城市下降比例／%	46 μg/m³	12	约束性
（3）土壤环境质量	全省耕地土壤环境质量达标率／%		>90	预期性
（4）生态状况	重点生态功能区县域生态环境状况指数变化值／ΔE		ΔE≥0	预期性
	生态保护红线面积变化／%		≥0	预期性
污染物排放总量				
（5）化学需氧量、氨氮、二氧化硫、氮氧化物 4 项主要污染物排放量			控制在国家下达指标之内	约束性
（6）重点重金属污染物排放量累计下降比例／%			10	预期性
环境风险				
（7）放射源辐射事故年发生率（每万枚）			<1.8 起	预期性
（8）重大突发环境事件			不发生	预期性

注：① 长江、澜沧江出境断面水质达到Ⅰ类（溶解氧指标除外）。② 主要城市指地级及以上城市、州府所在地和格尔木市。③ 全省地表水国控和省控断面总计 46 个，其中国控断面为 19 个，湟水流域断面为 16 个。④ 重点重金属排放量以 2013 年为基数。

第二节　建议及对策

一、多措并举，全方位推进大气污染防治

健全机制，强化责任落实，全面开展城市扬尘综合治理。在重点城市狠抓建筑工地扬尘监管，狠抓道路扬尘污染治理，狠抓重点区域扬尘污染治理。开展裸地硬化、扬尘管控和"门前三包"责任落实工作，充分运用卫星遥感技术，掌握重点城市区域内施工场地和自然裸地斑块数量面积及分布情况，及时采取措施减少扬尘污染。

加快推进煤烟尘污染治理，重点城市制定燃煤锅炉淘汰补贴政策，积极推进天然气覆盖管网内"煤改气"。重点城市严格整治散煤堆放，要求煤炭经营场区规范建设防风抑尘网，煤炭堆放场地全面落实"三围一顶"。

进一步加强机动车尾气检测管理，严控重型柴油车污染排放，强化机动车尾气治理，加快黄标车淘汰。

深化工业污染源大气污染防治，结合重点污染源监督性监测和自动在线监测结果，将废气污染物排放接近标准限值的工业企业列为重点，加快推进火电厂脱硫脱硝、水泥厂烟气脱硝治理进程。对重点城市区域内的火电、钢铁、水泥、化工等行业新建项目从严执行污染物排放特别限值，并推行清洁生产。

强化保障，提升治污成效，加强重污染天气预报预警体系建设。建立完善极端不利气象条件下大气污染防控和突发大气环境污染事件的联合会商、信息共享、预警应急联动等机制，对特征污染物排放异常的企业发布预警通报，及时消除环境安全隐患。

二、坚持保护和治理并重，系统推进水污染防治

针对青海省湟水河水污染突出的问题，为确保湟水河出境断面水质稳定达到

Ⅳ类并持续改善,应抓紧编制不达标水体治理方案,尽快完成湟水河规划(2016—2025 年),强化流域水环境综合治理的顶层设计与指导;在流域治污的系统性上下工夫,着力提高河道水体自净、水环境保护、水污染防治、水生态修复、水资源管理和利用的水平;在流域治污的联动性上下功夫,建立跨区域联合治污工作机制,构建全流域治水闭合圈,形成了"上下游一盘棋"的治水格局;在流域治污的科学性上下工夫,探索形成适用可行的治理模式和技术装备、着力解决农牧区生活污水收集处理"短板"问题,持续开展企业废水深度治理适用技术研发、重点解决高寒地区提高污水处理厂生物菌活性等难题;在流域治污的连通性上下功夫,在湟水干流西宁段的黑嘴桥、海湖桥、七一桥断面以上河段和海东段民和巴州沟、乐都引胜沟、平安白沈沟支流推进"一河段一策"和"一支流一策"的治理模式,提高流域内水生态功能和水系的连通性,推进水环境质量的逐步改善。

三、强化源头管控,加强涉重项目治理责任落实

加大对重点区域铅、锌、铜冶炼及 PVC 等重点涉重企业的治理力度,不断提高重金属污染防治水平和区域重金属污染监测预警能力,降低环境污染风险。进一步优化园区涉重产业布局,严格限制涉重项目入园建设。同时,加强重金属污染防治专项资金的使用管理,确保各重点项目有效实施。加大对重点区域、重点企业的环境监管力度。进一步加强重金属环境监测和监管能力建设,加强对重点区域、重点涉重企业的环境监管,扎实开展涉重企业环境污染强制责任保险工作,严厉查处涉重企业环境违法行为。

四、力促危废处置规范运营机制,共建多方监管平台

加强固体废物处理处置基础设施建设。加快推进全省污泥无害化处理处置项目的建设,取缔非法污泥堆放点;加强全省危险废物处置中心基础设施和技术能力建设,提高危险废物综合利用率;加强医疗废物源头分类管理,加快全省 9 个医疗废物处置中心的规范运营和技术改造。推进固体废物领域第三方治理,通过市场机制引入第三方治理机制,解决全省固体废物污染防治设施建成后长期闲置不能投入运行或运行不规范造成二次污染等问题。推进固体废物环境管理的信

息化。完成全省固体废物综合监管平台建设，建立固体废物的大数据平台，形成有效的固体废物信息化管理模式。

五、防范潜在环境风险，构建先进预警体系

以西宁经济技术开发区、柴达木循环经济试验区、海东工业园区为重点，强化环境风险防控工作，突出全防全控，完善各项环境风险防范制度，确保将风险防范融入日常环境管理制度体系；加强执法监督，逐步实现对重点工业园区、重点企业和主要环境风险类型的动态监控；利用空间信息采集等技术，建立环境风险源数据库及风险源信息管理系统。

严格监督落实企业环境风险防范主体责任，督促企业全面开展环境风险评估和环境安全隐患整治，加强企业环境应急管理能力；出台环境风险物质名单，强化环境风险物质监督管理；修订完善企业突发环境事件应急预案，提高应对能力和处置水平；增强环境应急处置与救援专业化队伍建设。

加强突发环境事件预警监测体系建设，强化各市（州）饮用水水源地、有毒有害气体等关系公众健康的重点领域风险预警；完善环境风险预警监测网络建设；推行环境损害赔偿，开展环境损害鉴定评估；建立污染责任保险、环境公益诉讼、污染修复和生态恢复等配套机制；不断健全"事前严防严控、事中处置有力、事后妥善恢复"的环境应急全过程管理体系。

第五篇

专题篇

第十四章

特色工作新领域

第一节　三江源生态环境监测

一、生态环境质量

2015 年度，三江源国家生态保护综合试验区（以下简称三江源综合试验区）地表水资源量 559.89 亿 m³，年径流深 188.9mm，与 2011 年度相比增加了 18.3%；出境水量为 648.31 亿 m³，入境量为 89.58 亿 m³。自然区域草地植被总覆盖 73%，区域草地植被总产草量为 2 483.13 kg/hm²，与历年的变化来看基本上呈波状态势，牧草长势综合评定为"欠年"。水土流失状况仍以轻度侵蚀为主；乔木林郁闭度、蓄积量均呈缓慢正增长趋势，灌木林总体处于增长态势；沙化土地植被高度、盖度、生物量与往年总体持平、略有增长；湿地植被盖度、生物量较 2014 年度略有增长。

2015 年度三江源综合试验区耕地面积为 2 415.85 km²，主要为旱地，占区域面积的 0.62%；林地面积为 27 667.54 km²，主要包括有林地、灌木林地、疏林地和其他林地，占区域面积的 7.11%；草地面积为 282 468.87 km²，占区域面积的 72.55%；水域面积为 21 307.89 km²，主要包括河渠、湖泊、水库坑塘、滩地、冰川和永久积雪地等，占区域面积的 5.47%；人工用地面积为 401.48 km²，主要包括城镇用地、农村居民点和其他建设用地，占区域面积的 0.10%；未利用土地面积为 55 059.44 km²，主要包括沙地、盐碱地、沼泽地、裸土地、裸岩砾石地等，占区域面积的 14.14%，详见图 14-1、图 14-2。

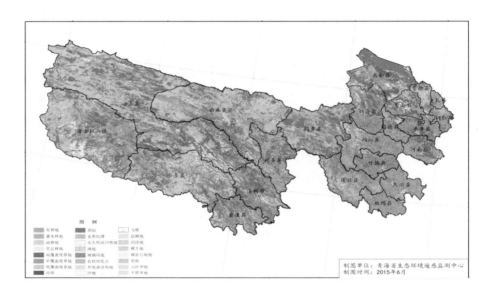

图 14-1　青海三江源综合试验区 2015 年土地利用 / 覆被现状示意图

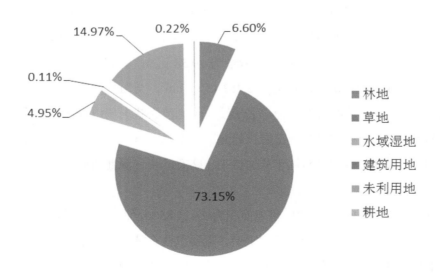

图 14-2　青海三江源综合试验区 2015 年土地利用 / 覆被面积比例

　　草地是本区域最主要的土地利用／土地覆被类型，占区域面积的72.55%，其中高覆盖草地占草地面积的53.53%，中覆盖草地占草地面积的17.93%，低覆盖草地占草地面积的28.54%。

　　2015年度三江源综合试验区各县域生态环境状况指数为43.37～73.12，生态环境状况以 "良"为主；其中20个县域生态环境状况为"良"，占三江源综合试验区总面积的90.91%；2个县域生态环境状况为"一般"，占三江源综合试验区总面积的9.09%（见图14-3）。

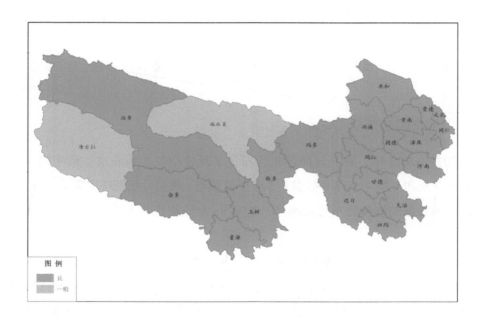

图14-3　青海三江源综合试验区2015年生态环境状况评价结果示意图

　　与2011年度相比，三江源综合试验区生态环境状况指数变化幅度为-1.47～0.50，各县（镇）生态环境状况指数与2011年度相比均无明显变化。"十二五"期间，三江源综合试验区生态环境状况保持稳定（见图14-4）。

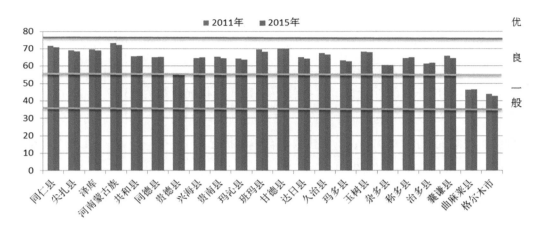

图 14-4　三江源区 2011 年、2015 年各县生态环境状况指数（EI 值）年际变化

二、环境质量状况

2011—2015 年，在三江源区累计布设了环境空气、地表水、集中式生活饮用水水源地和土壤 4 个环境要素共 390 个监测点 / 断面，开展环境质量监测工作。考虑监测数据的连续性与可对照性，选择 88 个监测点位评价三江源区的环境质量变化情况。

环境空气、地表水、集中式生活饮用水水源地和土壤环境质量监测频次均为 1 年 1 次，环境空气监测项目为二氧化硫 (SO_2)、二氧化氮 (NO_2)、可吸入颗粒物（PM_{10}）3 项，地表水监测项目为《地表水环境质量标准》（GB 3838—2002）表 1 中基本项目 24 项和电导率。集中式生活饮用水水源地水质监测项目是在地表水项目基础上增加铁、锰、硫酸盐、硝酸盐、氯化物、总硬度、溶解性总固体、细菌总数 8 项，土壤环境质量监测项目为有机质、全钾、全氮、全磷、速效钾、速效磷、硝态氮、氨态氮、pH、阳离子交换量、汞、镉、砷 13 项。

监测结果显示，"十二五"期间三江源区各监测点环境空气质量均达到《环境空气质量标准》（GB 3095—1996）一级标准。地表水总体状况水质优良，满足水环境功能区划的功能要求。三江源区主要城镇集中式生活饮用水水源地各监测点各项监测指标均符合《地表水环境质量标准》（GB 3838—2002）和《地下水质量标准》（GB/T 14848—1993）中相应标准限值要求。三江源区土壤环境各监测点中监测指标均达到《土壤环境质量标准》（GB 15618—1995）二级标准。

第二节 青海湖流域生态环境监测

一、生态环境质量

2015 年度青海湖流域地表水资源量 24.31 亿 m^3，与多年平均相比增加了 36%。2015 年青海湖流域植被覆盖度略有好转，牧草产量总体呈波动增加趋势；森林样地郁闭度和蓄积量均呈缓慢增长的态势，灌木林地年变化率较小，基本处于一种缓慢发展的动态平衡状态；湿地植被生物量总体呈增长态势，优势种和指示种均未发生变化；流域沙化土地植被转好，沙丘植被变化幅度不大，植被盖度、高度保持稳定；主要栖息地观测到的普氏原羚种群数量与往年基本持平，鸟类种群数量有所增加。青海湖裸鲤总尾数、总资源量有所增加，主要河流自然繁殖规模明显上升。

2015 年青海湖流域耕地面积为 436.38 km^2，占区域总面积的 1.47%，主要分布于黑马河乡、江西沟乡、青海湖农场、倒淌河镇、伊克乌兰乡、泉吉乡；林地面积为 840.48 km^2，占区域总面积的 2.83%，分布于倒淌河镇；草地面积为 20 279.35km^2，占区域总面积的 68.36%；水域面积为 4 822.15 km^2，占区域总面积的 16.26%；人工用地面积为 97.55 km^2，占区域总面积的 0.33%；未利用土地面积为 3 188.45km^2，占区域总面积的 10.75%，其中沙地面积为 484.05km^2，占未利用土地总面积的 15.18%，主要分布于青海湖湖东地区（见图 14-5）。

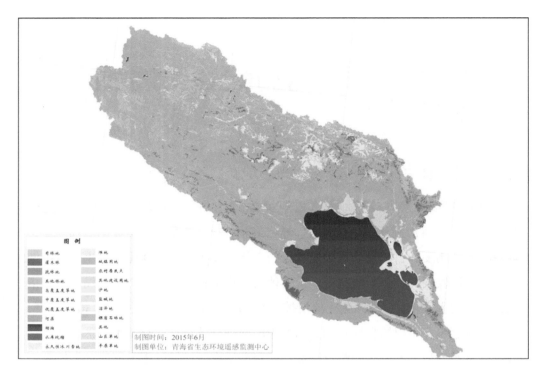

图 14-5　青海湖流域 2015 年土地利用与覆被空间分布示意图

草地是青海湖流域最主要的土地利用 / 覆被类型，占区域总面积的
68.36%，其中高覆盖度草地占草地总面积的 70.95%；中覆盖度草地占草地总面
积的 9.93%；低覆盖度草地占草地总面积的 19.12%，见图 14-6。

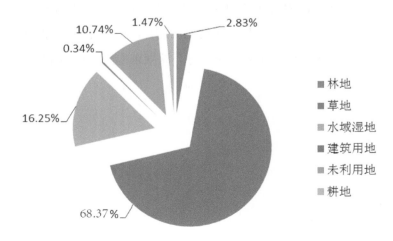

图 14-6　青海湖流域 2015 年土地利用 / 覆被比例

青海湖流域海晏县、刚察县、共和县、天峻县生态环境状况等级均为"良"。生态环境状况指数为 56.58 ~ 67.08，其中刚察县的生态环境状况指数（EI）最高，为 67.08，生态环境状况指数（EI）最低的为天峻县，为 56.58。

与 2011 年度相比，青海湖流域生态环境状况指数变化幅度为 0.29 ~ 1.73，生态环境状况无明显变化。"十二五"期间，青海湖流域生态环境状况总体保持稳定，见图 14-7。

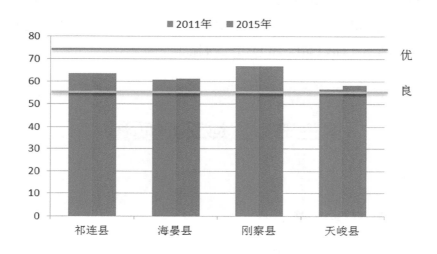

图 14-7　青海湖流域 2011 年、2015 年生态环境状况指数（EI 值）年际变化

二、环境质量状况

"十二五"期间，在青海湖流域布设了环境空气、地表水、集中式生活饮用水水源地和土壤 4 个环境要素共 56 个监测点 / 断面，开展环境质量监测及评价工作。

环境空气、地表水、集中式生活饮用水水源地和土壤环境质量监测频次均为 1 年 1 次，环境空气监测项目为二氧化硫 (SO_2)、二氧化氮 (NO_2)、可吸入颗粒物（PM_{10}）3 项，地表水监测项目为《地表水环境质量标准》（GB 3838—2002）表 1 中基本项目 24 项。集中式生活饮用水水源地水质监测项目是在地表水项目基础上增加铁、锰、硫酸盐、硝酸盐、氯化物、总硬度、溶解性总固体、细菌总数 8 项，土壤环境质量监测项目为汞、砷、锌、镉、铬、铅、铜等重金属，监测频次为 5 年 1 次。

监测结果显示，"十二五"期间，青海湖各监测点环境空气质量均满足环境空气功能的要求，环境空气质量优。青海湖流域 8 条入湖河流中仅倒淌河监测断面偶有超标，其余监测断面水质类别为 Ⅱ 类，均达到水环境功能区划目标要求。湖水暂无相应具体的评价标准，纵观近 5 年的监测结果，各项监测指标基本稳定，无明显变化。8 个集中式生活饮用水水源地各监测点各项监测指标均符合《地表水环境质量标准》（GB 3838—2002）和《地下水质量标准》（GB/T 14848—1993）中相应标准限值要求。土壤环境质量 21 个监测点各监测项目均达到《土壤环境质量标准》（GB 15618—1995）二级标准。

第三节　县域环境质量

一、生态环境质量

2015 年，青海省重点生态功能区 27 个考核县域中林地面积 3.57 万 km^2，占区域土地面积的 5.90%；草地面积 39.77 万 km^2，占区域土地面积的 65.72%；水域湿地面积 2.98 万 km^2，占区域土地面积的 4.93%；建筑用地面积 0.23 万 km^2，占全域土地面积的 0.37%；耕地面积 0.42 万 km^2，占区域土地面积的 0.70%；未利用地面积 13.55 万 km^2，占区域土地面积的 22.38%。草地、未利用地面积约占区域土地面积的 88.10%，是本区域主要的土地利用 / 覆被类型，见图 14-8、图 14-9。

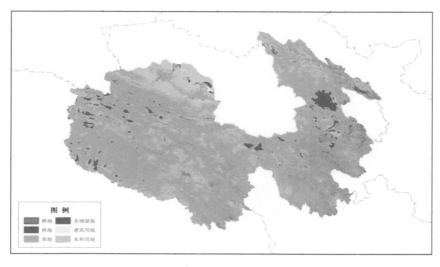

图 14-8　2015 年青海省重点生态功能区土地利用与覆被空间分布示意图

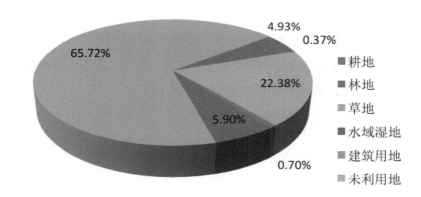

图 14-9　2015 年青海省重点生态功能区考核县域土地利用／覆被类型面积比例

2015 年青海省重点生态功能区 27 个县域生态环境状况等级以"良"为主，占区域面积的 68.15%；等级为"一般"的占区域面积的 31.75%。空间分布情况见图 14-10。从空间分布来看，总体上南部生态环境状况好于北部，东部好于西部。南部三江源部分地区及东北部祁连山区等 25 个县域生态环境状况较好，等级为"良"，主要是由于高原区域远离工业污染源，祁连山区植被覆盖整体较好；西部的格尔木、曲麻莱县域生态环境质量状况等级为好于西部。

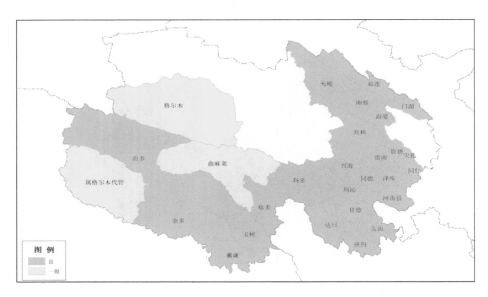

图 14-10　2015 年青海省重点生态功能区各县域各生态环境状况级别空间分布示意图

　　2015 年度青海省重点生态功能区 27 个县域生态环境状况指数（EI）值分布为 42.74 ～ 72.21，生态环境状况差异较明显。与 2011 年相比，27 个县域生态环境状况指数的变化幅度为 –1.47 ～ 1.57。"十二五"期间，青海省重点生态功能区 27 个县域生态环境状况保持稳定（见图 14-11）。

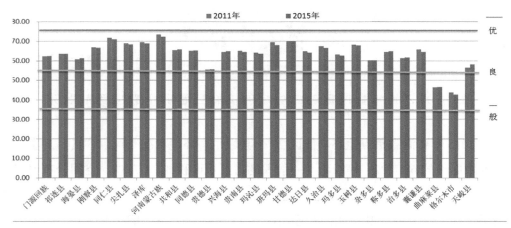

图 14-11　2011 年、2015 年国家重点

生态功能区生态环境状况指数（EI 值）年际变化

二、环境质量状况

"十二五"期间，全省重点生态功能区县域生态环境质量考核共有 30 个县。在 30 个县域内布设了 31 个环境空气监测点、54 个环境地表水断面，开展环境质量监测及评价工作。

环境空气、地表水监测频次均为 1 年 4 次，环境空气监测项目为二氧化硫 (SO_2)、二氧化氮 (NO_2)、可吸入颗粒物（PM_{10}）3 项，地表水监测项目为《地表水环境质量标准》（GB 3838—2002）表 1 中基本项目 25 项，主要为水温、pH、溶解氧、高锰酸盐指数、化学需氧量、五日生化需氧量、氨氮、总磷、总氮、铜、锌、氟化物、硒、砷、汞、镉、六价铬、铅、氰化物、挥发酚、石油类、阴离子表面活性剂、硫化物、流量、电导率。

"十二五"期间，31 个考核县域监测点环境空气质量基本满足环境空气功能的要求，环境空气质量优良天数总体占比为 89.7%。54 个地表水监测断面达到《地表水环境质量标准》（GB 3838—2002）III 类水体达标率为 99.0%。

第四节 良好湖泊生态保护试点工作

2011 年财政部和环境保护部支持水域面积在 50 km^2 及以上、具有饮用水水源功能或重要生态功能、现状水质或目标水质好于 III 类（含 III 类）的湖泊开展生态环境保护工作。2012 年国家水质较好湖泊生态环境保护试点工作启动以来，可鲁克湖、龙羊峡水库、李家峡水库和黄河源区湖泊群 4 个湖泊（水库、湖泊群）项目先后获国家水质较好湖泊生态环境保护专项资金支持。为进一步推进青海省湖泊保护工作，2014 年年底省政府批复了《青海省湖泊生态环境保护规划（2012—2030 年）》，将青海省可鲁克湖等 44 个湖泊纳入规划范围。截至 2015 年年底，各湖泊（水库）生态环境保护项目已累计获得中央财政资金支持 2.9 亿元，重点实施了湖泊生态环境安全调查和评估、饮用水水源地环境保护、流域污染源治理、生态修复与保护和环境监管能力建设五大类项目。按照国务院《水污染防治行动计划》和《青海省水污染防治实施方案》的有关要求，青海省将进一步加大水质良好湖泊生态环境保护力度，推动更多湖泊生态环境保护项目的实施。

第五节　工业园区环境风险监测体系预警

为有效防范和预警有毒有害气体引起的突发环境事件，确保大气环境质量安全，经环保部批复同意，将甘河工业园及周边地区列为全国第一批工业园区环境风险监测体系预警项目试点园区。青海省环境保护厅开创性实施典型工业园区有毒有害气体预警监测体系建设试点项目，先后自筹资金 2 468 万元，在西宁市东川工业园区、甘河工业园区和大通北川工业园区 3 个工业园区，7 个监测点位建立 11 套实时在线预警监测设备，初步形成了典型工业园区有毒有害气体的预警监测体系，达到了预期建设目标。项目在日常监管方面也发挥了积极作用，共发布预警监测月报 10 期，对氨、二氧化硫等特征污染物排放异常的 2 家企业进行了预警通报，责令企业立即开展排查，及时消除了环境安全隐患。

第六节　污染场地调查与修复示范项目

青海省存在海晏县原海北化工厂、中星化工厂、湟中县鑫飞化工有限公司、西宁市七一路延长段铬渣堆场、杨沟湾及付家寨渣场 6 处。2008 年 10 月，对原海北化工厂开展了第一次场地调查。2009 年 7 月，根据第一次场地调查和采样分析的结果，以及化工厂原有工艺、设备安置情况和遗留废物堆置现状，对原海北化工厂开展了第二次调查。2009 年开展针对原海北化工厂铬污染的调查评估及处置技术的实验室开发等前期工作，在此基础上实施了国家 863 计划资源环境技术领域典型工业污染场地土壤修复关键技术研究。2010 年，财政部和环保部批准了"青海省原海北化工厂污染场地土壤异位治理技术及配套废水修复技术示范项目"。现已形成了以"原位（化学方法）＋原位（生物方法）＋异位（化学方法）"等多技术集成的土壤修复工艺，地下水污染以及土壤修复治理过程中产生的含铬废水处理工艺。通过上述从小试过渡到中式规模的铬污染土壤及地下水污染修复治理技术试验及示范项目，不仅在青海省，甚至在全国也居于领先水平，为下一步全面治理打下了坚实基础。

为了解决历史遗留重金属场地污染问题，2008—2010 年，在充分调查的基础上，青海省实施了国家 863 计划资源环境技术领域典型工业污染场地土壤修复关键技术研究及青海省原海北化工厂污染场地土壤异位治理技术及配套废水修复技术示范项目。在此基础上，2013 年年底青海省筹措资金 600 万元，启动实施了"青海省历史遗留重金属污染场地综合治理项目前期工作"，完成了海晏县原海北化工厂、中星化工厂、湟中县鑫飞化工有限公司、西宁市七一路延长段铬渣堆场、杨沟湾及付家寨渣场 6 处铬污染场地的场地勘察报告、综合治理环境风险评估报告、可行性研究报告和环境影响评价报告，较为深入地掌握了场地污染状况，为下一步全面治理打下了坚实基础。

第七节　西宁市颗粒物 $PM_{2.5}$ 来源解析

2010 年起，环境空气质量问题日益受到广泛关注，青海省环境监测中心站于 2012 年完成了西宁市 PM_{10} 来源解析工作，初步探究了西宁市环境大气污染状况。

2013 年 8 月以来，青海省环境保护厅组织青海省环境监测中心站，联合中国环境科学研究院、西宁市环保局、青海省气象科学研究所等科研单位，将科研项目与日常监测工作相结合，在 PM_{10} 来源解析工作的基础上，进一步开展西宁市 $PM_{2.5}$ 来源解析研究。通过对西宁市 11 个点位近一年的采样工作，系统地完成了西宁市环境空气样品采集，共取得样品数据 308 个；通过对样品中 24 种元素、9 种水溶性离子、碳组分和多环芳烃组分的实验室分析，共取得基础研究数据 81 312 个。运用国内外先进的源解析技术方法，得出了 2014 年西宁市 $PM_{2.5}$ 的主要来源结论。

2015 年 5 月 16 日，项目组织单位会同中国环境监测总站、中国环境科学研究院、北京市环境保护监测中心等单位的专家对研究项目进行了专家咨询，研究成果得到与会专家的高度认可，认为本研究基础工作扎实、技术规范、有针对性，构建了具有高原特色的污染源成分谱和环境受体成分谱，定量解析了采暖季、风沙季和非采暖季的不同污染源对 $PM_{2.5}$ 的贡献值和分担率。数据翔实、方法正确、结论可靠，体现了西宁市的特点。同时建议深入分析重污染天气过程、各点位的 $PM_{2.5}$ 组分差异及来源贡献率，结合区域经济社会发展特点和源解析结果，提出具有针对性和实用性的防治措施。

此次研究的主要结论表明：全年 $PM_{2.5}$ 来源中区域传输贡献占 21% ~ 31%，本地污染排放贡献占 69% ~ 79%。在本地污染贡献中，扬尘类开放源、燃煤、机动车、工业排放、生活污染源为主要来源，分别占 35.2%、22.0%、14.3%、13.9% 和 9.5%，其他污染源，如汽车修理、畜禽养殖、建筑涂装等排放约占 $PM_{2.5}$ 的 5.2%，详见图 14-12。

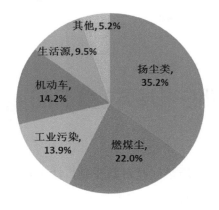

图 14-12　西宁市 2014 年 $PM_{2.5}$ 来源解析结果

$PM_{2.5}$ 源解析工作的完成，很好地落实国务院《大气污染防治行动计划》、环保部发布《大气颗粒物来源解析技术指南（试行）的通知》，青海省人民政府《以西宁市为重点的东部城市群大气污染防治实施意见》相关要求和部署。也将为西宁市大气颗粒物 $PM_{2.5}$ 的污染防治提供科学依据和支撑技术。

第八节　环境空气预报预警系统建立

自2014年1月1日起,青海省环境监测中心站与青海省大气本底观测台合作,开展了西宁市环境空气质量预警预报工作。预报准确率可达到87%,但是由于方法的局限性,对环境空气转折性变化预报的准确度较低。

为贯彻《国家环境监管能力建设"十二五"规划》和《大气污染防治行动计划》的要求,根据中国环境监测总站《环境空气质量预报预警工作规范（暂行）》相关技术要求,参照国内同行先进建设经验,基于已建成的青海省环保云省级平台环境质量预测预警高性能计算平台,建立青海省环境空气质量预报预警数值模型。建设内容包括:适用于青海省的空气质量统计预报模型、结合国家下发的数值预报指导产品模块、整合 MODEL-3/CMAQ、WRF-chem 等数值模型并完成模型本地化模块、依托 AQI 发布平台建立自动动态多元线性回归统计订正系统的预报模块、利用 Web 发布包括插值渲染电子地图等多种形式发布模块,开展空气质量预报预警,日常统计信息的指定用户短信发送工作;并建立空气质量预报预警详细信息、统计结果的多样化终端查询服务等功能。立足于青海省,建立起高效、准确的环境空气质量监测、预报、重污染天气预警多功效的综合服务平台,为青海省环境保护管理工作做好科学的数据支撑和决策服务工作。

第九节　环境信息化建设

一、青海省环境质量数据中心（一期）建设

根据环境保护部国家空气质量联网监测及全国城市空气质量实时发布管理要求,2014 年 6 月,青海省环境保护厅启动青海省环境质量数据中心（一期）建设项目。面向青海省内国控站点、省控点、市控点等,建立健全青海省质量管

理体系和点位管理制度。升级现行环境质量发布平台，完善发布和预警功能，建设省、市（州）监测质控业务与空气质量实时发布平台，实现青海省内国控站点的监测与管理水平与全国国控站点保持一致，并逐步实现省、市控站点的监测与管理水平接近和达到国家网水平。2015 年 10 月项目建成运行后，联网发布 27 个点位的环境空气质量自动监测站点数据，其余点位正在陆续接入。力争建成一个布局合理、基本覆盖全省、功能较齐全、满足国家标准、运行高效的青海省环境质量自动监测网络，为环境管理、综合决策提供科技支撑，为公众提供环境质量信息服务。

二、青海省机动车尾气动态监管系统建设

为贯彻落实《中华人民共和国大气污染防治法》、国务院《大气污染防治行动计划》（国发〔2013〕37 号），促进青海省机动车尾气污染防治工作的开展，根据青海省环境保护厅工作安排，青海省环境信息中心 2015 年组织实施青海省机动车尾气动态监管系统建设项目，2016 年 12 月项目通过省环境保护厅验收。

项目基于环保专网将分布全省 8 个州（市）内 25 家机动车尾气检测机构纳入青海省机动车尾气检测机构动态监管系统软件平台内，建设内容包含检测业务子系统、监管业务子系统等。软件平台统一在省环保云平台部署，各州（市）环保局和检测机构通过环保专网使用。

项目投入运行后环保部门可通过平台实时查看检测数据和检测实时图像，实现了对机动车尾气环保检测过程全程监控，最大限度杜绝尾气检测过程中的数据造假因素，能准确、有效监管尾气检测机构及数据，减少人为因素的影响，最终实现机动车尾气检测等相关工作的自动化、网络化管理，对进一步做好机动车排气检验、环保检验合格标志核发、黄标车及老旧车淘汰等机动车污染防治工作具有重要推动作用。

三、青海环保云和高性能计算平台支撑环境空气质量预警预报

依托青海环保云和高性能计算平台对青海省各级环保局进行计算、存储、网络资源和业务应用进行了充分整合与集中，为有效提升全省环保部门环境监管、

综合管理和科学决策能力提供了坚实的技术支撑和保证。青海环保云目前已实现 500 台单路 CPU 服务器的计算能力和 100T 的高速数据存储能力，高性能计算平台实现每秒 7.36（TFLOPS）万亿次浮点运算计算能力。在全省环境空气质量预警预报工作中，高性能计算平台承载以模型计算、数值预报为主的业务运算，为环境质量管理提供了网络及信息技术支撑。

第十节　排污权交易试点

根据党的十八届三中全会《关于全面深化改革若干重大问题的决定》要求：实行资源有偿使用制度，推行排污权交易制度。青海省积极稳妥推进排污权有偿使用和交易试点工作。

一是在充分调研的基础上，结合青海省实际拟定了《青海省主要污染物排污权有偿使用和交易管理办法（试行）》和《青海省主要污染物排污权有偿使用和交易试点实施方案（试行）》，明确了青海省排污权有偿使用和交易试点工作目标、工作内容、交易范围、对象、指标来源、交易方式和流程，以及交易资金管理办法等相关内容，并由青海省政府办公厅于 2014 年 2 月印发各地执行。

二是青海省环境保护厅配套出台了《青海省主要污染物排污权交易资格审查办法（试行）》《青海省主要污染物排污权交易规则（试行）》和《青海省主要污染物排污权电子竞价交易规则（试行）》等相关制度，规范和完善了排污权交易工作程序。

三是以污染物治理平均成本为基础，考虑地区环境和行业发展现状等多方面因素，确定青海省四项主要污染物排污权交易基准价格分别为：化学需氧量 5 000 元 /t，氨氮 15 000 元 /t，二氧化硫 3 500 元 /t，氮氧化物 4 500 元 /t。

四是积极开展交易竞买。2014—2016 年上半年，青海省共举办 7 期排污权竞买交易会，共 62 家企业参加，成交化学需氧量 52.26 t，氨氮 3.36 t，二氧化硫 3 174.64 t，氮氧化物 9 237.4 t，总成交金额 7 413.320 8 万元。

第十一节 地方标准制定

为认真贯彻落实党的十八届二中全会精神和青海省委、省政府关于生态立省的战略决策，围绕青海省环境保护厅的重点工作部署，切实发挥标准化在促进工作效率、提高检测精度，规范评估评价和促进行业技术发展的基础作用，推动青海省经济社会提质增效、转型升级发展，加强生态文明建设及促进循环经济发展，结合环境管理需求和地方环保工作实际，开展了多项地方环保标准研究制定。

一、《三江源生态监测技术规范》（DB63/T 993—2011）

在《青海三江源自然保护区生态保护和建设总体规划》实施前，青海省相关部门在三江源地区未开展过系统的生态监测，监测网络覆盖面低，一些区域、流域和工作领域的监测工作处于空白；部门行业间的监测结果缺乏系统性、连续性、相关性和可比性；表现出明显的散、乱现象。

青海省环境监测中心站依据三江源生态监测总体实施方案积极开展各年度生态监测与评价工作，基本形成了多专业融合、站点互补、驻测与巡测，地面监测与遥感监测相结合的"点、线、面"一体化的生态监测体系。在归纳总结可行、实用的生态监测技术指标与方法的基础上，编制完成《三江源生态监测技术规范》，确定监测布点原则、采样要求、监测项目、监测分析方法、监测频率、质量保证措施、监测报表（告）格式等，对高效促进三江源区生态监测工作具有重要现实意义。

标准文本于 2011 年 5 月 16 日发布，并于 2011 年 7 月 1 日实施。

二、《建设项目施工期环境监理导则》（DB63/T 1109—2012）

本标准规定了建设项目施工期环境监理的适用范围、术语、环境监理工作程序、环境监理工作方法（包括巡视检查、旁站、见证、环境监理会议、监测、协调、培训、记录、文件、跟踪检查、工作报告）、环境监理的工作内容（包括项目建设与批复要求符合性监理、环境保护达标监理、生态保护措施落实监理、环保设施建设与措施落实监理、环境风险防范措施监理等环境监理控制工作，环境监理设计介入、环境监理验收介入等环境监理介入工作，明确与工程监理之间职责分工、明确与水保监理之间的职责分工、参建单位的协调和环境保护相关单位的协调等环境监理协调工作）、环境监理合同管理（包括暂停、复工、变更、撤场与恢复等）及环境监理资料管理（包括环境监理工作资料内容和资料管理）的一般内容标准的实施，该导则的编制及时填补了省内建设项目施工期环境监理技术标准的空白，为青海省建设项目施工期环境监理工作提供了技术指南和保障。

本标准文本于 2012 年 7 月 1 日起开始实施。

三、《污染源自动监控系统数据采集技术规范》（DB63/T1144—2012）

《污染源自动监控系统数据采集技术规范》规定了青海省污染源自动监控系统现场端设备数据采集传输的术语和定义、数据采集结构、数据采集过程及自动监控设备的反控技术等内容，是目前青海省内制定的第一个污染源自动监控数据采集标准，标准的实施可填补省内污染源自动监控系统数据采集技术标准的空白。对青海省污染源自动监控系统的标准化、提高数据准确率和一致性具有重要意义。

本标准文本于 2012 年 12 月 1 日起开始实施。

四、《土壤 总硒的测定 原子荧光光谱法》（DB636/T 1207—2013）

本标准规定了测定土壤中总硒的原子荧光光谱法方法原理、试剂和材料、仪器和设备、样品、分析步骤、结果计算与表示、精密度和准确度、质量保证和质量控制的内容，标准内容完整。标准采用王水水浴消解土壤，氢化物发生原子荧光光谱法分析测定硒元素，测定方法简便，污染小，适用性强，易于推广应用。该标准的制定对青海省开展土壤硒分析测定工作提供了重要的技术支撑。自然环境中土壤硒的含量很低，一般处在微量和痕量级之上，其主要分析方法有氢化物发生原子吸收法、DAN 荧光光度法、气相色谱法、电感耦合等离子发射光谱法和氢化物发生—原子荧光光谱法 (HG—AFS)。采用原子吸收法和电感耦合等离子发射光谱法在理论可以测定土壤硒元素，但是仪器的设备投资大、测定的灵敏度较低、测定的检出下限高，尤其对土壤中低浓度的硒元素，不能满足环境监测要求；DAN 荧光光度法、气相色谱法在监测实验室分析土壤硒基本不适用。对环境土壤样品硒的测定，氢化物发生—原子荧光光谱法 (HG—AFS) 是最适用的，不但仪器价格相对低廉，而且具有操作简便、灵敏度高、干扰少、检出限低、选择性好、线性范围宽，可以测出微量痕量级含量，非常适合环境样品的监测分析。

标准文本于 2013 年 7 月 22 日发布，并于 2013 年 8 月 1 日实施。

五、《河湟谷地人工湿地污水处理技术规范》（DB63/T 1350—2015）

本规范适用于在青海境内河湟谷地区域针对水污染防治和污水处理中人工湿地的设计、建设、验收、运行维护与监管等。该人工湿地技术适宜的处理对象主要包括城镇污水处理厂尾水、经过适当预处理的分散型或集中式生活污水或其他性质类似的低浓度污废水；也可供农田面源污水净化、受污染地表水（河流、湖泊、水库）治理、流域水环境生态修复等借鉴使用。其他相似地区的人工湿地污水处理，可根据当地实际情况做适当调整后参照执行。在饮用水水源卫生防护带、断层破碎带、含水层露头区、溶岩发育区以及不适宜水生植物生长的极寒区，不宜采用人工湿地技术处理污水；天然湿地不应直接用于污水处理。

本规范可作为人工湿地相关建设项目的可行性研究、环境影响评价、工程设计、环境保护验收、环境监管、运行和维护管理的技术依据。

本标准文本于 2015 年 3 月 15 日起开始实施。

六、《三江源生态保护和建设生态效果评估技术规范》（DB63/T 1342—2015）

为有效开展三江源自然保护区生态保护与建设项目生态成效监测和评估工作，在青海省环保厅的组织协调下，以中国科学院地理科学与资源研究所作为技术牵头单位，综合应用地面观测、遥感监测和模型模拟相结合的技术方法，针对生态工程预期目标和区域生态环境特征，在构建综合评估指标体系和生态本底的基础上，开展了青海三江源自然保护区生态保护和建设工程生态成效阶段性及终期评估。编制了《三江源生态保护和建设生态效果评估技术规范》，规定三江源生态保护和建设生态效果评估的数据来源、评估指标体系、评估指标的计算方法、评估分析方法等。有助于对三江源地区草地退化开展全面和准确的调查和评估，了解和掌握三江源区草地退化的状况和趋势，并实现区域草地生态变化的完整连续监测和评估，全面把握三江源生态保护和建设工程所取得的生态成效与存在的问题，为综合试验区规划的顺利实施提供有效的决策支持。

标准文本于 2015 年 2 月 9 日发布，并于 2015 年 3 月 15 日起开始实施。

七、《农牧生活污水处理技术指南》（DB63/T 1389—2015）

为填补农牧区生活污水处理技术规范化和标准化的空白，解决青海省现有农村污水处理站运行中存在的问题提供支持，以及对青海省各州县农村生活污水处理技术的应用和工程建设起到积极的指导和推广作用，为青海农村水污染防治改善，区域水环境质量，深化流域水环境综合治理和农村环境综合整治以及流域水环境综合治理和农村环境综合整治以及流域生态恢复与建设等方面，提供技术支撑和依据，同时对改善农村人居环境和卫生条件，提高农村公共健康水平和生活质量，促进社会稳定、生态环境保护和水生态环境改善将起到重要作用，也将对青海省实施生态立省、构建资源节约型和环境友好型社会具有重要意义。

本标准文本于 2015 年 6 月 30 日发布，2015 年 9 月 30 日起实施。

八、《土壤　铜、铅、锌、铬、镍、锰的测定　微波消解－火焰原子吸收法》(DB63/T 1412—2015)

《土壤环境质量标准》（GB 15618—1995）和《展览会用地土壤环境质量评价标准》（暂行）（HJ 350—2007）中将铜、铅、锌、镍、铬列为必测元素，但测定土壤中铜、铅、锌、镍的方法均是在 1997 年制定的，迄今为止这些方法未做任何修订，消解方式仍为传统的电热板消解，工序繁杂且效率低，试剂使用量大，对分析人员的危害大；总铬的测定方法在 2009 年进行了修订，但修订标准中铬的测定需加基体改进剂，操作繁琐；而土壤中锰元素的测定目前仍无方法标准。因此研究土壤和沉积物中测定铜、铅、锌、铬、镍、锰元素的高效、精准的前处理方法和简便、快速的分析测定方法，降低了检测过程污染，提高检测精度控制污染。

原子光谱技术是金属分析的首选方法，尤其是石墨炉和火焰原子吸收法测定土壤样品中重金属元素含量具有准确性高、选择性好、操作简单、分析快速等优点。电感耦合等离子体发射光谱法虽能代替火焰原子吸收法测定土壤中重金属元素的含量，但仪器价格昂贵，基层实验室配置不足，且仪器使用复杂，对操作人员的要求较高，分析成本较高。火焰原子吸收法测定土壤中重金属元素具有灵敏度高、检测限低和光谱干扰少的优势，其仪器价格相对低廉，维护费用少、分析成本低，是测定土壤中重金属元素含量的首选方法。

该标准于 2015 年 9 月 24 日发布，2015 年 12 月 20 日起实施。